高等学校计算机类课程应用型人才培养规划教材

计算机系统导论实验教程

聂 丁 左正康 主编

徐洁磐 主审

中国铁道出版社有限公司

CHINA RAILWAY PUBLISHING HOUSE CO., LTD.

内 容 简 介

本实验教程是《计算机系统导论》(第 3 版)(徐洁磐主编)的配套实验教材。本实验教程分
3 章,共 14 个实验,内容包括 Windows 10 操作系统、Office 2016 办公软件、Internet 的应用。
每个实验单元包括实验介绍、知识点、课内实验和课后实训 4 部分。课内实验部分按照"零起点"
设计;课后实训为课内实验的补充,也可供基础较好的学生课内选做。

本实验教程提供的各个实验全部经过上机操作验证。实验源文件以及实验素材可到中国铁道
出版社有限公司网站下载。

本实验教程适合作为高等学校"计算机基础"或"计算机导论"类课程的实验教材,特别适
用于计算机应用类本科"计算机导论"课程的实验教学。

图书在版编目(CIP)数据

计算机系统导论实验教程 / 聂丁,左正康主编.——
3 版. —— 北京:中国铁道出版社有限公司,2020.9
高等学校计算机类课程应用型人才培养规划教材
ISBN 978-7-113-27101-5

Ⅰ.①计⋯ Ⅱ.①聂⋯ ②左⋯ Ⅲ.①计算机系统-
实验-高等学校-教材 Ⅳ.①TP303-33

中国版本图书馆 CIP 数据核字(2020)第 132256 号

书 名:	计算机系统导论实验教程
作 者:	聂 丁 左正康

策 划:	周海燕	编辑部电话:(010) 51873090
责任编辑:	周海燕 徐盼欣	
封面设计:	付 巍	
封面制作:	刘 颖	
责任校对:	张玉华	
责任印制:	樊启鹏	

出版发行:中国铁道出版社有限公司(100054,北京市西城区右安门西街 8 号)
网   址:http://www.tdpress.com/51eds/
印   刷:三河市燕山印刷有限公司
版   次:2011 年 8 月第 1 版   2020 年 9 月第 3 版   2020 年 9 月第 1 次印刷
开   本:787 mm×1 092 mm 1/16   印张:10.75   字数:251 千
书   号:ISBN 978-7-113-27101-5
定   价:32.00 元

序

当前，世界格局深刻变化，科技进步日新月异，人才竞争日趋激烈。我国经济建设、政治建设、文化建设、社会建设及生态文明建设全面推进，工业化、信息化、城镇化和国际化深入发展，人口、资源、环境压力日益加大，调整经济结构、转变发展方式的要求更加迫切。国际金融危机进一步凸显了提高国民素质、培养创新人才的重要性和紧迫性。我国未来发展关键靠人才，根本在教育。

高等教育承担着培养高级专门人才、发展科学技术与文化、促进现代化建设的重大任务。近年来，我国高等教育获得前所未有的发展，大学数量从1950年的220余所已上升到2019年的2 900余所。但目前诸如学生适应社会以及就业和创业能力不强，创新型、实用型、复合型人才紧缺等高等教育与社会经济发展不相适应的问题越来越凸显。2010年7月发布的《国家中长期教育改革和发展规划纲要（2010—2020年）》提出了高等教育要"建立动态调整机制，不断优化高等教育结构，重点扩大应用型、复合型、技能型人才培养规模"的要求。因此，新一轮高等教育类型结构调整成为必然，许多高校特别是地方本科院校面临转型和准确定位的问题。这些高校立足于自身发展和社会需要，选择了应用型发展道路。应用型本科教育虽早已存在，但近几年才开始大力发展，并根据社会对人才的需求，扩充了新的教育理念，现已成为我国高等教育的一支重要力量。发展应用型本科教育，也已成为中国高等教育改革与发展的重要方向。

应用型本科教育既不同于传统的研究型本科教育，又区别于高职高专教育。研究型本科培养的人才将承担国家基础型、原创型和前瞻型的科学研究，它应培养理论型、学术型和创新型的研究人才；高职高专教育培养的是面向具体行业岗位的高素质、技能型人才，通俗地说，就是高级技术"蓝领"；而应用型本科培养的是面向生产第一线的本科层次应用型人才。由于长期受"精英"教育理念支配，脱离实际、盲目攀比，高等教育普遍存在重视理论型和学术型人才培养的偏向，忽视或轻视应用型、实践型人才的培养。在教学内容和教学方法上过多地强调理论教育、学术教育而忽视实践能力培养，造成我国学术型人才相对过剩而应用型人才严重不足的被动局面。

应用型本科教育不是低层次的高等教育，而是高等教育大众化阶段的一种新型教育层次。计算机应用型本科的培养目标是：面向现代社会，培养掌握计算机学科领域的软硬件专业知识和专业技术，在生产、建设、管理、生活服务等第一线岗位，直接从事计算机应用系统的分析、设计、开发和维护等实际工作，维持生产、生活正常运转的应用型本科人才。计算机应用型本科人才有较强的技术思维能力和技术应用能力，是现代计算机软硬件技术的应用者、实施者、实现者和组织者。应用型本科教育强调理论知识和实践知识并重，相应地，其教材更强调"用、新、精、适"。所谓"用"，是指教材的"可用性""实用性""易用性"，即教材内容要反映本学科基本原理、思想、技术和方法在相关现实领域的典型应用，介绍应用的具体环境、条件、方法和效果，培养学生根据现实问题选择合适的科学思想、理论、技术和方法去分析、解决实际问题的能力。所谓"新"，是指教材内容应及时反映本学科的最新发展和最新技术成就，以及这些新知识和新成就在行业、生产、管理、服务等方面的最新应用，从而有效地保证学生"学以致用"。所谓"精"，不是一般意义的"少而精"。事实常常告诉人们，"少"与"精"并不等同，数量的减少并不能直接促使提高质量，而且"精"又是对"宽与厚"的直接"背叛"。因此，教材要做到"精"，教材的编写者要在"用"和"新"的基础上对教材的内容进行去伪存真的精练工作，精选学生终身受益的基础知识和基本技能，力求把含金量最高的知识传授给学生。"精"是最难掌握的原则，是对编写者能力和智慧的考验。所谓"适"，是指各部分内容的知识深度、难度和知识量要适合应用型本科的教育层次，适合培养目标的既定方向，适合应用型本科学生的理解程度和接受能力。教材文字叙述应贯彻启发式、深入浅出、理论联系实际、适合教学实践，使学生能够形成对专业知识的整体认识。以上四方面不是孤立的，而是相互依存的，并具有某种优先顺序。"用"是教材建设的唯一目的和出发点，"用"是"新""精""适"的最后归宿。"精"是"用"和"新"的进一步升华。"适"是教材与计算机应用型本科培养目标符合度的检验，是教材与计算机应用型本科人才培养规格适应度的检验。

中国铁道出版社有限公司同高等学校计算机类课程应用型人才培养规划教材编审委员会经过近两年的前期调研，专门为应用型本科计算机专业学生策划出版了理论深入、内容充实、材料新颖、范围较广、叙述简洁、条理清晰的系列教材。本系列教材在以往教材的基础上大胆创新，在内容编排上努力将理论与实践相结合，尽可能反映计算机专业的最新发展；在内容表达上力求由浅入深、通俗易懂；编写的内容主要包括计算机专业基础课和计算机专业课；在内容和形式体例上力求科学、合理、严密和完整，具有较强的系统性和实用性。

本系列教材针对应用型本科层次的计算机专业编写，是作者在教学中采纳了众多教学理论和实践的经验及总结，不但适合计算机等专业本科生使用，也可供从事 IT 行业或有关科学研究工作的人员参考，还可供对该新领域感兴趣的读者阅读。

本系列教材出版过程中得到了计算机界很多院士和专家的支持和指导，中国铁道出版社有限公司的多位编辑为本系列教材的出版做出了很大贡献。本系列教材的完成不但依靠了全体作者的共同努力，同时也参考了许多中外有关研究者的文献和著作，在此一并致谢。

应用型本科是一个日新月异的领域，许多问题尚在发展和探讨之中，观点的不同、体系的差异在所难免。本系列教材如有不当之处，恳请专家及读者批评指正。

"高等学校计算机类课程应用型人才培养规划教材"编审委员会

前　言

　　"计算机导论"课程是关于计算机科学和技术学科的入门性、导引类课程，主要是为计算机科学相关专业新生开设，旨在使学生对计算机科学和技术学科整体框架有较深入的理解，初步建立计算思维，为后续专业课程学习打下基础。南京大学徐洁磐教授组织 6 所学校 8 个单位中长期从事"计算机导论"课程教学的一线教师，编写了《计算机系统导论》及《计算机系统导论实验教程》，使用这套教材的学校都对这套教材给予了好评。2016 年，为了跟上计算机技术的进步，再次编写了《计算机系统导论》（第 2 版）及《计算机系统导论实验教程》（第 2 版），经过四年的使用，这套教材被证明是很优秀的一套教材。四年来，计算机技术也在不断地发展，为了能让学生们了解到计算机最前沿的理论和应用，徐洁磐教授又组织教师编写了《计算机系统导论》（第 3 版）及《计算机系统导论实验教程》（第 3 版）。

　　本实验教程是《计算机系统导论》（第 3 版）（徐洁磐主编）（以下简称理论教材）的配套实验教材。实验教程严格遵照理论教材的编写思路和编写要求进行编写，内容涵盖理论教材的全部实践内容并进行了适当拓展。相对于第 2 版，操作系统由 Windows 7 变更为 Windows 10，Office 办公软件由 2010 版变更为 2016 版，在 Internet 实验部分变更了两个实验内容，包含了当前计算机领域最前沿的应用。

　　本实验教程分 3 章，包含 14 个实验单元。第 1 章围绕 Windows 10 操作系统的操作安排 3 个实验；第 2 章围绕 Office 2016 办公软件安排了 6 个实验，其中电子表格软件 Excel 安排一个综合性实验；第 3 章围绕当前 Internet 的主要应用安排了 5 个实验。考虑到大学新生计算机基础知识水平存在较大差异，本实验教程所有课内实验均按照"零基础"设计；课后实训部分大多是课内实验的补充和提升，也可供基础较好的同学课内选做。

　　本实验教程由聂丁、左正康任主编，徐洁磐任主审。全书由聂丁统稿。

　　由于编写时间紧迫，同时限于编者水平，教程中难免有不妥和疏漏之处，恳请各位读者朋友批评指正。

编　者

2020 年 5 月

前　言

目　录

第1章 Windows 10 操作系统

Microsoft 公司从 1983 年开始研制 Windows 系统，最初的研制目标是在 MS-DOS 的基础上提供一个多任务的图形用户界面。第一个版本 Windows 1.0 于 1985 年问世，它是一个具有图形用户界面的系统软件。1990 年推出 Windows 3.0，它是一个里程碑，以压倒性的商业成功确定了 Windows 系统在个人计算机（PC）领域的垄断地位。现今流行的 Windows 窗口界面的基本形式也是从 Windows 3.0 开始基本确定的。

Windows 10 是由美国微软公司开发的应用于台式计算机和平板电脑的操作系统，于 2015 年 7 月 29 日发布正式版。Windows 10 针对不同的用户开发了不同的版本：家庭版、专业版、企业版、教育版、移动/移动企业版、物联网版。Windows 10 操作系统在易用性和安全性方面有了极大的提升，除了针对云服务、智能移动设备、自然人机交互等新技术进行融合外，还对固态硬盘、生物识别、高分辨率屏幕等硬件进行了优化完善与支持。自推出 Windows 10 以后，微软宣布不再开发新的系统。未来 Windows 的新功能都会在 Windows 10 中进行推送，而不再采用 Windows 11、Windows 12 这种新版本发布的形式。针对 Windows 10 的功能更新每年将通过半年频道（SAC）发布两次，时间约为每年的 3 月和 9 月。

本章以 Windows 10 为实验操作对象。

1.1 Windows 10 操作系统基本操作实验

1.1.1 实验介绍

通过本实验了解 Windows 10 的特点；熟练掌握 Windows 10 的启动和退出；了解 Windows 10 的桌面基本元素；熟练掌握 Windows 10 的基本操作。

1.1.2 知识点

1. Windows 10 的启动与关闭

（1）Windows 10 的启动

连通计算机的电源，依次打开显示器电源开关和主机电源开关，安装了 Windows 10 的计算机就会自动启动，计算机自检后将进入系统登录界面，登录后将看到 Windows 10 的桌面，如图 1-1 所示。

（2）Windows 10 的关闭

关闭 Windows 10 时，系统将内存中的信息自动写回硬盘中，为下次正常启动做好准备。

单击"开始"按钮，在打开的"开始"菜单中单击"电源"按钮，如图 1-2 所示，然后在打开的列表中选择"关机"选项即可关闭计算机。除此之外，单击"电源"按钮后出现的列表中还可能出现如下选项：

①切换用户：换个用户登录。

②注销：清除当前用户登录状态。

③睡眠：保存当前内存状态，切断除内存以外的所有设备的供电。

④休眠：保存当前内存状态，切断所有设备的供电。

⑤重启：把当前内存信息写到硬盘上，并重新启动系统。

图 1-1　Windows 10 的桌面

2. 常用桌面图标操作

（1）此电脑

双击桌面上的"此电脑"图标，打开"此电脑"窗口。该窗口包含用户计算机的所有资源，即所有驱动器图标、资源库等，可在"此电脑"窗口中对这些资源进行操作。

（2）用户的文件

双击桌面上有用户名的图标，打开"文档"窗口。该窗口可以为用户管理自己的文档提供方便快捷的功能。

图 1-2　关闭计算机

（3）回收站

双击桌面上的"回收站"图标，打开"回收站"窗口。该窗口用于暂时保存已经删除的信息。用户可以方便地从回收站中恢复已经删除的文件到原来的目录中，也可在回收站中清除这些文件，真正从硬盘上删除这些文件。

3. "开始"按钮和任务栏

"开始"按钮：屏幕左下角有个"开始"按钮，形状类似于窗户，单击"开始"按钮将显示一个"开始"菜单，可以用来实现启动应用程序、打开文档、完成系统设置、联机帮助、查找文件和退出系统等功能。

任务栏：任务栏位于屏幕的最下方。通过任务栏可以锁定应用程序，也可以将当前运行的窗口以一个按钮形式显示。任务栏锁定的应用程序图标显示在任务栏的左边，单击任务栏锁定图标可以打开应用程序。中间空白区用于显示正在运行的应用程序和对应于打开的窗口的按钮。任务栏最右边是指示器区域，显示一些提示信息，如当前时间、文字输入方式等。

4．磁贴区域

"开始"菜单的右侧是一个由许多不同方块组成的区域，这就是磁贴区域，其中有些内容会动态变化，称为动态磁贴。最典型的动态磁贴就是日历，会动态显示当前的日期。磁贴的大小是可以调整的，在要调整大小的磁贴上右击，在弹出的快捷菜单中选择"调整大小"命令，有"小""中""宽""大" 4 个模式。磁贴的位置也可以调整，直接用鼠标左键拖动即可，如果拖动到其他磁贴所在区域，其他磁贴还会自动移开。

5．窗口的基本操作

Windows 10 是一个图形用户界面的操作系统，Windows 10 的图形除了桌面外还有两大部分：窗口和对话框。大部分应用程序都是以窗口界面的形式运行的。典型的应用程序窗口如图 1-3 所示。

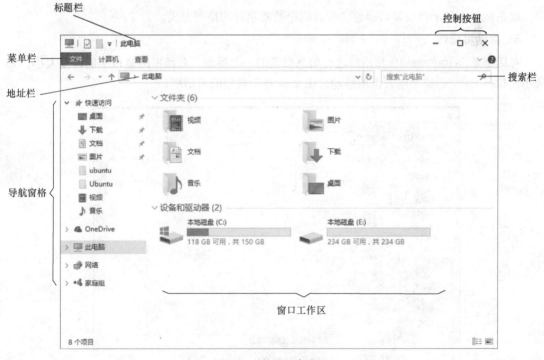

图 1-3　应用程序窗口

（1）标题栏

标题栏位于窗口顶部，显示窗口的名称。左侧的工具按钮可以快速实现设置所选项目属性和新建文件夹等操作，右侧是窗口最小化、窗口最大化和关闭窗口的按钮。用鼠标拖动标题栏可移动整个窗口。

（2）菜单栏

菜单栏提供了一系列命令，用户通过使用这些命令可完成窗口的各种操作。

（3）地址栏

地址栏用于显示当前打开文件夹名称、路径，还可以在地址栏中输入本地硬盘的地址或网络地址，直接打开相应内容。

（4）"最大化/还原"、"最小化"和"关闭"按钮

单击"最小化"按钮，窗口缩小为任务栏按钮，单击任务栏上的按钮可恢复窗口的显示；单击"最大化"按钮，窗口最大化，同时该按钮变为"还原"按钮，单击"还原"按钮，窗口恢复成最大化前的大小，同时该按钮变为"最大化"按钮；单击"关闭"按钮将关闭窗口。

（5）搜索栏

搜索栏用于快速搜索计算机中的文件，当输入关键字一部分的时候，搜索就已经开始了。

（6）导航窗格

单击导航窗格可快速切换或打开其他窗口。

（7）工作区域

工作区域在窗口中所占的比例最大，用于显示当前窗口中存放的文件和文件夹的内容。

（8）状态栏

状态栏用于显示当前窗口所包含项目的个数和项目的排列方式。

6. 对话框操作

对话框是 Windows 10 和用户进行信息交流的一个界面。对话框的窗口不能改变大小，无最小化和最大化/还原功能，但能移动。图 1-4 是个典型的对话框。

图 1-4　"另存为"对话框

7. 鼠标和键盘操作

（1）鼠标

鼠标是 Windows 操作系统中最便捷、最直观的输入设备。常用的鼠标有 3 个按钮，左边的称为左键，右边的称为右键，中间的按钮很多情况下是个滚轮，主要用来滚动翻页。鼠标有以下 5 种操作方式。

①移动或指向。握住鼠标移动，屏幕上鼠标指针跟随移动，当移动到一个对象上停留时，会出现一些情况：如果对象是一个图标或按钮，一般会出现一些提示信息，比如该对象的名称或该按钮的功能；如果对象是一个菜单名，则展开此菜单的下级内容；如果移动到一个链接或窗口边缘等位置时，鼠标形状会发生改变。

②单击（左键）。单击是指敲击鼠标的左键，这种操作的结果主要是选择某一对象或执行某个菜单或按钮的功能。

③右击（单击右键）。右击是指指向一个对象并敲击鼠标右键，这时会弹出一个菜单，这种菜单称为快捷菜单，也称右键菜单。快捷菜单中的命令都是针对当前对象的操作。

④双击。双击操作是指快速在鼠标左键上敲击两次。双击操作主要是用来打开某个程序或文件。如果敲击速度过慢，这种操作的性质就变为两次单击，与双击效果完全不同。

⑤拖动。拖动鼠标是指按住鼠标左键同时移动鼠标。拖动操作主要用来选择一个区域或移动对象，也常在图形操作时用来画出一个轨迹。

（2）键盘

键盘主要用于输入字符，但键盘也有像鼠标那样操作计算机的功能，只不过因为鼠标的方便性，首选鼠标操作，在某些时候辅助使用键盘。

在用键盘操作计算机时经常需要使用组合键，组合键是指两个或 3 个键组合在一起使用来实现某一项功能，通常是依次按住每个键不放，到最后实现目的。

1.1.3　课内实验

1. 实验名称

Windows 10 操作系统基本操作。

2. 实验目的

熟练掌握 Windows 10 桌面、窗口和对话框的基本操作；掌握桌面和窗口内容的复制；掌握应用程序的启动与退出的几种常用方法。

3. 实验环境

①硬件环境：微型计算机。

②软件环境：Windows 10 操作系统。

4. 实验内容

①Windows 10 的启动与关闭。

②窗口的基本操作。窗口的基本操作包括打开与关闭窗口、调整窗口大小、移动窗口。

③对话框操作。

④菜单的基本操作。

⑤桌面和窗口内容的复制。

⑥应用程序的启动与退出。

5. 实验步骤

（1）Windows 10 的启动与关闭

①Windows 10 的启动：连通计算机的电源，依次打开显示器电源开关和主机电源开关，安装了 Windows 10 的计算机就会自动启动，计算机自检后将进入系统登录界面，登录后将看到 Windows 10 的桌面。

②Windows 10 的关闭：单击"开始"按钮，在打开的"开始"菜单中单击"电源"按钮，然后在打开的列表中选择"关机"选项即可关闭计算机。

（2）窗口的基本操作

①打开窗口：在桌面上双击"此电脑"图标，打开"此电脑"窗口。

②调整窗口大小。

a．最大化窗口：单击标题栏上的"最大化"按钮，则窗口扩大为充满整个屏幕，同时"最大化"按钮转变为"还原"按钮。

b．还原窗口：当窗口最大化时具有此按钮，单击"还原"按钮，则窗口恢复到最大化之前的大小。

c．关闭窗口：单击"关闭"按钮，窗口在屏幕上消失，并且图标也从"任务栏"上消失。

d．使用窗口边框调整窗口大小：

移动鼠标到窗口右边框上，当鼠标形状转变为一个水平的双向箭头时，拖动窗口边框在水平方向上移动，可调整窗口的宽度。

移动鼠标到窗口下边框上，当鼠标形状转变为一个垂直的双向箭头时，拖动窗口边框在垂直方向上移动，可调整窗口的高度。

移动鼠标到窗口右下角边框上，当鼠标形状转变为一个 45°的双向箭头时，拖动窗口边框往左上角或右下角方向上移动，可同时调整窗口的宽度与高度。

e．切换窗口：切换窗口最简单的方法是用鼠标单击"任务栏"中的窗口图标。切换窗口的快捷键是【Alt+Tab】或【Win+Tab】。

f．排列窗口：窗口排列有层叠、堆叠和并排 3 种方式。右击任务栏空白处，打开相应快捷菜单，如图 1-5 所示，可从中选择一种排列方式。

③移动窗口：将鼠标指针移动到窗口的"标题栏"，按下鼠标左键不放，移动鼠标到所需要的地方，松开鼠标左键，窗口就被移动了。

④关闭窗口：单击标题栏上的"关闭"按钮，关闭窗口。

（3）对话框操作

对话框中常见的几个部件及操作如下：

①按钮：直接单击相关的按钮，则完成对应的命令。

②文本框：在文本框中单击，则光标插入点显示在文本框中，此时用户可输入或修改文本框的内容。

③列表框：单击列表中需要的项，该项显示在正文框中，即完成操作。

④下拉列表框：单击下拉列表框右边的下拉按钮，打开一个列表框，单击需要的项，该项显示在正文框中，即完成操作。

（4）桌面和窗口内容的复制

复制整个桌面内容，可按【PrintScreen】键；复制当前窗口内容，可按【Alt+PrintScreen】组合键；复制任意屏幕内容，可以使用"截图工具"。启动截图工具的方法如下：

①单击"开始"按钮，打开"开始"菜单。

②在"开始"菜单中单击"Windows 附件"菜单项。

图 1-5　排列窗口

③在打开的 Windows 附件菜单中找到截图工具菜单项，单击后就可以打开截图工具。

启动截图工具后，会出现"截图工具"窗口，如图 1-6 所示。单击"新建"按钮，就可以在屏幕上通过鼠标画出一个矩形区域进行截图。在"模式"中，截图工具共提供了 4 种形式的截图方法：任意格式、矩形、窗口、全屏幕截图。复制了屏幕内容后，启动图片编辑软件，选择"粘贴"命令可将复制的内容粘贴到相应的软件中进行编辑。

图 1-6　截图工具

（5）应用程序的启动与退出

①应用程序的启动。

a．启动桌面上的应用程序：如果应用程序被放置在桌面上，可直接双击桌面上的应用程序图标。

b．使用"开始"菜单启动应用程序：单击"开始"按钮，在按字母顺序排列的应用程序列表中找到要启动的应用程序，单击即可启动应用程序。

c．使用搜索框：在"开始"按钮的右侧有一个搜索框或者是一个圆形的搜索按钮，单击该按钮也可打开搜索框，在搜索框中输入应用程序的名称，系统将会搜索该程序并把搜索结果显示出来，单击搜索到的程序图标就可以启动应用程序。

②应用程序的退出。

退出应用程序的方法很多，下面是几种常用的方法：

a．选择"文件"菜单中的"关闭"（或"退出"）命令。

b．单击应用程序窗口右上角的"关闭"按钮。

c．按【Alt+F4】组合键。

d．当某个应用程序不再响应用户的操作时，可以按【Ctrl+Shift+Esc】组合键，打开任务管理器将其关闭。

6．实验思考

①如何在桌面上创建一个"截图工具"的快捷方式？请思考两种方法。

②如何将任务栏移动到屏幕顶部？

1.1.4　课后实训

1．实训名称

Windows 10 操作系统基本操作。

2．实训目的

掌握 Windows 10 桌面、窗口、对话框的一些技巧性操作。

3．实训环境

①硬件环境：微型计算机。

②软件环境：Windows 10 操作系统。

4．实训内容

①快速切换输入法。

②锁定、调整、移动和隐藏任务栏。

③将程序图标锁定到任务栏。

④同时打开"此电脑"、"截图工具"和"回收站"窗口，分别按"堆叠显示窗口"、"并排显示窗口"和"层叠窗口"对这 3 个窗口进行排序。

⑤将应用软件的图标添加到磁贴中。

⑥使用"显示桌面"按钮，一次最小化所有打开窗口。

⑦创建"截图工具"的桌面快捷方式。

⑧清空"回收站"里的文件。

5．实训思考

①查看设备管理器，了解计算机各项设备的配置。

②设置桌面背景和屏幕保护程序以及夜间护眼模式。

1.2　Windows 10 操作系统文件管理实验

1.2.1　实验介绍

熟悉文件和文件夹特性，掌握文件和文件夹的基本操作。

1.2.2　知识点

1．文件资源管理器

文件管理主要是在"文件资源管理器"窗口中实现的。"文件资源管理器"是指"此电脑"窗口左侧的导航窗格，它将计算机资源分为快速访问、OneDrive、此电脑和网络 4 个类别，可以方便用户更好、更快地组织、管理及应用资源。使用资源管理器可以显示文件夹的结构和文件详细信息、启动应用程序、打开文件、查找文件、复制和移动文件等。

（1）启动"文件资源管理器"

有多种方法可以启动文件资源管理器。操作步骤如下：

①右击"开始"按钮，在弹出的快捷菜单中选择"文件资源管理器"命令。

②打开"开始"菜单，然后选择"Windows 系统"|"文件资源管理器"命令。

③打开搜索框，在搜索框中输入"资源管理器"，然后单击搜索结果中的"文件资源管理器"菜单项。

（2）"文件资源管理器"窗口

"文件资源管理器"窗口如图 1-3 所示。窗口左部窗格是导航窗格，单击左部窗格的对象，在内容窗格会显示出相应对象的下级内容。在右部窗格双击对象名称可以打开相应文件或文件夹。

单击顶部"查看"菜单，会出现查看工具栏，包括"窗格""布局""当前视图""显示/隐藏"等功能组，如图 1-7 所示。"窗格"功能组中，"导航窗格"按钮可以设置窗口左侧"导航窗格"是否显示；"预览窗格"按钮可以在窗口右侧增加一个"预览"窗格，当选中某个特定类型的文件时，可以通过它预览文件的内容。"布局"功能组用于设置资源的显示方式，包括"超大图标""大图标""中图标""小图标""列表""详细信息"等多种方式。"当前视图"功能组中"排序方式"按钮可以设置资源的排列顺序，排序的方式主要包括"名称""修改日期""类型""大小"等。

图 1-7　"查看"工具栏

当选中放有"图片"的文件夹时，选项卡上方会出现"图片工具"菜单，如果选中的是图片，可以将图片进行旋转，设置为背景或播放到设备，如果选中放有图片的文件夹，可以单击"放映幻灯片"功能按钮，放映图片。当选中放有"视频"的文件夹时，选项卡上方会出现"视频工具"菜单，对应着"播放"选项卡，可以将文件夹中的视频选择单个播放，或全部播放，同样也可以添加到播放设备或播放列表中。

2．管理文件和文件夹

在"资源管理器"中对文件和文件夹的主要操作有创建文件夹、复制或移动文件或文件夹、删除文件或文件夹、恢复文件或文件夹和文件或文件夹的重命名。

（1）选择文件或文件夹

Windows 10 的操作风格是先选定后操作，因此选定工作在操作过程中非常重要。

①选择单个对象：单击要选定的文件或文件夹即可。

②选择连续多个对象：单击要选定的第一个对象，按住【Shift】键不放，然后单击最后一个对象，则选定一个连续区域的文件。

③选择不连续的多个对象：单击要选择的第一个对象，按住【Ctrl】键，单击其他要选择的对象，则选定不连续的若干文件。

④全部选定：按【Ctrl+A】组合键，选定当前文件夹的所有内容。

（2）创建新文件夹

①在需要创建新文件夹的空白位置右击，在弹出的快捷菜单中选择"新建"命令，在新建的列表中选择"文件夹"，就会出现一个新的文件夹，名称是"新建文件夹"，并且处于重命名状态，用键盘输入新的名称，按【Enter】键确定。

②也可以在要创建新文件夹的位置直接按【Ctrl+Shift+N】组合键创建新的文件夹。

（3）创建新的文件

在需要创建新文件的文件夹空白处右击，在弹出的快捷菜单中选择"新建"命令，在其下级菜单中单击待建立的文件类型，如"Microsoft Word 文档"，则当前文件夹中出现一待命名的新文件。

（4）查看文件的属性

选定文件，右击并在弹出的快捷菜单中选择"属性"命令，则可以在"属性"对话框中浏览文件的"常规""安全"等属性。

（5）文件或文件夹的复制

选定要复制的文件或文件夹，右击并在弹出的快捷菜单中选择"复制"命令或者按【Ctrl+C】

组合键，然后打开目标盘或目标文件夹，右击并在弹出的快捷菜单中选择"粘贴"命令或者按【Ctrl+V】组合键即可。

按住【Ctrl】键不放，用鼠标将选定的文件或文件夹拖动到目标盘或目标文件夹中，也可实现复制操作。如果在不同的驱动器之间复制，只用鼠标拖动对象就可以了，不必使用【Ctrl】键。

（6）文件或文件夹的移动

选定要移动的文件或文件夹，右击并在弹出的快捷菜单中选择"剪切"命令或者按【Ctrl+X】组合键，然后打开目标盘或目标文件夹，右击并在弹出的快捷菜单中选择"粘贴"命令或者按【Ctrl+V】组合键即可。

按住【Shift】键不放，用鼠标将选定的文件或文件夹拖动到目标盘或目标文件中，也可实现剪切操作。如果同一驱动器中剪切，只用鼠标拖动对象就可以了，不必使用【Shift】键。

（7）文件或文件夹的重命名

选择需要重命名的文件或文件夹，右击并在弹出的快捷菜单中选择"重命名"命令，输入新的名字后按【Enter】键。

（8）文件及文件夹的删除

选定要删除的文件或文件夹，右击并在弹出的快捷菜单中选择"删除"命令，文件或文件夹将会被放置到"回收站"中。

可以直接用鼠标把要删除的文件或文件夹拖到"回收站"实现删除操作。如果在拖动时按住【Shift】键，则文件和文件夹将直接从计算机中删除，不保留在回收站中。

（9）恢复被删除的文件或文件夹

可以借助回收站恢复被删除的文件或文件夹，在桌面上双击"回收站"图标打开该窗口，在要恢复的文件上右击，在弹出的快捷菜单中选择"还原"命令，文件或文件夹将会恢复到原来的位置。

（10）文件的搜索

Windows 10 的搜索功能主要在两个地方实现："开始"菜单旁的搜索框和资源管理器。"开始"菜单和资源管理器中的搜索功能有一定区别。"开始"菜单中的搜索框不能指定要搜索的范围和筛选特定条件的文件；资源管理器可以选择要搜索的位置，也可以设置筛选的条件。

1.2.3　课内实验

1. 实验名称

Windows 10 操作系统文件管理。

2. 实验目的

熟悉文件和文件夹特性，掌握文件和文件夹的基本操作。

3. 实验环境

①硬件环境：微型计算机。

②软件环境：Windows 10 操作系统。

4. 实验内容

①文件和文件夹的浏览、查看和排序。

②查找文件和文件夹。

③创建文件夹。

④文件和文件夹重命名。

⑤选择文件和文件夹。

⑥复制或移动文件和文件夹。

⑦删除与恢复文件和文件夹。

⑧文件或文件夹属性的改变。

5. 实验步骤

(1) 文件和文件夹的查看和排序

①单击"查看"菜单，按照"布局"功能组中 8 种不同方式查看文件夹内容(见图 1-7)，观察不同方式之间的区别。

②在"资源管理器"窗口中的任意空白处右击，在弹出的快捷菜单中选择"排序方式"命令，在子菜单中列出了排列文件和文件夹的几种方式，选择不同的方式对当前文件夹中文件进行排序。

(2) 搜索文件和文件夹

①打开"资源管理器"窗口，在窗口右上角有一个搜索框，默认搜索范围为左边地址栏内的地址，如图 1-8 所示，表示在"此电脑"中进行搜索。

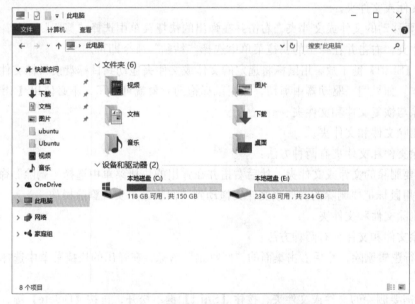

图 1-8 "资源管理器"窗口中的搜索框

②可以在搜索框中输入要查找的文件或文件夹的名称进行搜索。如果记不太清楚要查找的文件或文件夹名，可以输入部分关键字进行搜索。

③光标定位在搜索框时，窗口顶部会出现搜索工具菜单，在"优化"工具组中可设置条件来缩小搜索范围。设置的条件包括文件的修改日期、类型、大小和其他属性。

(3) 创建文件夹

①在"此电脑"中找到要创建文件夹的位置。

②在窗口中空白位置右击，在弹出的快捷菜单中选择"新建"|"文件夹"命令。

(4) 文件和文件夹重命名

①右击要改名的文件或文件夹，在弹出的快捷菜单中选择"重命名"命令。

②输入新的名字后按【Enter】键或用鼠标在输入的名称以外的窗口内单击即可。

（5）选择文件和文件夹

①选择单个对象：单击要选定的文件或文件夹即可。

②选择连续多个对象：单击要选定的第一个对象，按住【Shift】键不放，然后单击最后一个对象，则选定一个连续区域的文件。

③选择不连续的多个对象：单击要选择的第一个对象，按住【Ctrl】键，单击其他要选择的对象，则选定不连续的若干文件。

④全部选定：按【Ctrl+A】组合键选定当前文件夹下的所有文件。

（6）复制或移动文件和文件夹

①复制文件或文件夹。

a．选定要复制的文件或文件夹，右击并在弹出的快捷菜单中选择"复制"命令，打开目标盘或目标文件夹，右击并在弹出的快捷菜单中选择"粘贴"命令即可。

b．按住【Ctrl】键不放，用鼠标将选定的文件或文件夹拖动到目标盘或目标文件中，也可实现复制操作。如果在不同的驱动器之间复制，只用鼠标拖动对象就可以了，不必使用【Ctrl】键。

②移动文件或文件夹。

a．选定要移动的文件或文件夹，右击并在弹出的快捷菜单中选择"剪切"命令，打开目标盘或目标文件夹，右击并在弹出的快捷菜单中选择"粘贴"命令即可。

b．按住【Shift】键不放，用鼠标将选定的文件或文件夹拖动到目标盘或目标文件中，也可实现剪切操作。如果同一驱动器中剪切，只用鼠标拖动对象就可以了，不必使用【Shift】键。

（7）删除与恢复文件和文件夹

①逻辑删除文件和文件夹。

逻辑删除文件和文件夹有两种方法：

a．选定要删除的文件或文件夹，然后右击并在弹出的快捷菜单中选择"删除"命令。

b．直接用鼠标把要删除的文件或文件夹拖动到"回收站"实现删除操作。

②物理删除文件和文件夹。

物理删除文件和文件夹有两种方法：

a．先进行逻辑删除，然后右击桌面的"回收站"图标，在弹出的快捷菜单中选择"清空回收站"命令。

b．选定需要删除的文件或文件夹，按住【Shift】键不松开，再按【Delete】键，则文件和文件夹将直接从计算机中删除，不保留在回收站中。

（8）文件或文件夹属性的改变

①查看文件和文件夹的属性。

右击要查看属性的文件，在弹出的快捷菜单中选择"属性"命令，会弹出该文件的属性对话框，如图1-9所示。

②隐藏文件或文件夹。

在要隐藏的文件或文件夹上右击，在弹出的快捷菜单中，选择"属性"命令，选中"隐藏"复选框，然后单击"确定"按钮，如图1-10所示。文件被隐藏后，在默认情况下文件资源管理器将不会显示该文件。

图 1-9　文件属性对话框　　　　　　　　图 1-10　设置"隐藏"属性

③显示隐藏的文件或文件夹。

在"资源管理器"窗口，单击"查看"菜单，打开查看工具栏，在"显示/隐藏"功能组中选中"隐藏的项目"复选框，设置了隐藏属性的文件和文件夹将会显示出来，如图 1-11 所示。

图 1-11　显示隐藏的文件

6. 实验思考

删除一个文件，然后清空回收站，这个文件还可以恢复到原来位置吗？

1.2.4　课后实训

1. 实训名称

Windows 10 操作系统文件管理。

2．实训目的

掌握文件和文件夹的一些技巧性操作。

3．实训环境

①硬件环境：微型计算机。

②软件环境：Windows 10 操作系统。

4．实训内容

①将文件设置为只读型文件。

②快速永久删除文件。

③搜索计算机中所有扩展名为 .docx 的文件。

④快速获取文件所在的文件夹的路径信息。

⑤撤销对文件的操作。

⑥显示文件扩展名。

⑦批量重命名文件。

5．实训思考

①如何搜索特定大小的文件？

②如何修改回收站的属性，自定义 C 盘回收站的最大空间？

1.3　Windows 10 操作系统高级操作实验

1.3.1　实验介绍

掌握控制面板的设置，掌握 Windows 10 常用系统工具的使用。掌握 Windows 10 的用户管理、磁盘管理和设备管理操作等。

1.3.2　知识点

1．控制面板

控制面板是 Windows 10 进行系统维护和设置的一个工具集，如图 1-12 所示，使用它可以查看和保障系统资源，还可以优化系统和规划任务。

图 1-12　控制面板

(1) 启动"控制面板"

单击"开始"按钮→"Windows 系统"→"控制面板"命令，即可启动"控制面板"。

(2) 个性化和显示的设置

单击控制面板中的"外观和个性化"，打开"外观和个性化"设置界面，如图 1-13 所示，用户可以根据自己的喜好，对桌面进行彻底改造。

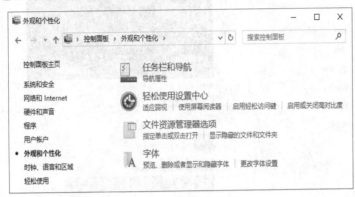

图 1-13　"外观和个性化"设置界面

①桌面主题与细节的设置。

在"任务栏和导航"里面，用户可以根据自己喜好，更改主题，更改桌面背景，更改声音效果，如图 1-14 所示。

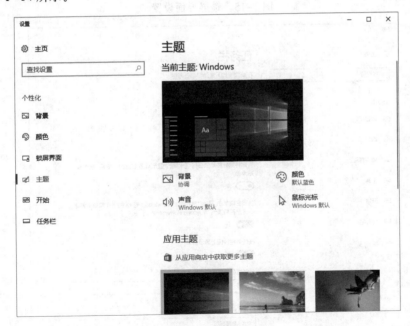

图 1-14　"主题"设置

②锁屏界面。

当长时间不操作计算机时，为了保护计算机的屏幕，可以设置锁屏界面，如图 1-15 所示。

③设置任务栏和"开始"菜单。

可以通过对任务栏和"开始"菜单的设置改变任务栏。可以设置任务栏在屏幕上的位置，可以锁定或隐藏任务栏，当任务栏图标太多时可以设置对同类图标进行合并，如图 1-16 所示。对"开始"菜单可以自定义其上的很多链接、图标以及菜单的外观和行为。

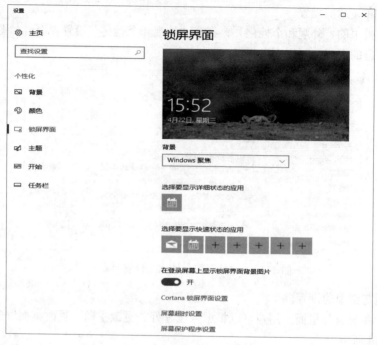

图 1-15　锁屏界面设置

图 1-16　"任务栏"设置

（3）显示设置

在桌面空白位置右击，在弹出的快捷菜单中选择"显示设置"命令，可以打开"设置"窗口，如图 1-17 所示，通过显示设置，可以修改显示器的"分辨率""方向"，显示内容的缩放等。Windows 10 新增了"夜灯设置"功能，通过打开"夜灯"功能可以减少显示器发出的蓝光，在环境光线不足时保护眼睛。

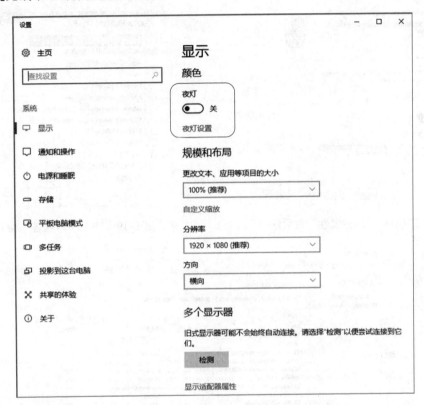

图 1-17　"设置"窗口

（4）鼠标的设置

单击"控制面板"|"硬件和声音"，在出现的窗口中选择"设备和打印机"栏目下的"鼠标"选项，在打开的"鼠标属性"对话框中就可以对鼠标进行设置，如图 1-18 所示。可通过设置交换鼠标左右键的功能，调节鼠标双击速度的快慢，修改鼠标指针的外观等。

（5）安装和卸载应用程序

在 Windows 10 中，可以通过"控制面板"|"程序"添加和删除应用程序，通过它不会因为误操作而造成对系统的破坏。

①添加/删除 Windows 组件：Windows 10 操作系统自带了许多应用程序组件，在安装系统时可能没有安装，在需要时随时都可以再安装。单击"控制面板"|"程序"|"程序和功能"|"启用或关闭 Windows 功能"，弹出的窗口如图 1-19 所示，可以通过其添加或删除 Windows 组件。

②安装应用程序：可以通过"资源管理器"，找到安装程序 setup.exe 文件或 install.exe 文件，双击 setup.exe 文件或 install.exe 文件启动安装程序向导。

③卸载应用程序：通过"控制面板"|"程序"|"程序和功能"|"卸载程序"，打开图 1-20 所示窗口，在该窗口中，选择需删除的程序，可对其进行卸载。

图 1-18 "鼠标属性"对话框

图 1-19 "Windows 功能"窗口

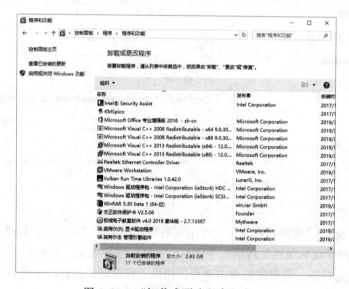

图 1-20 "卸载或更改程序"窗口

2．用户账户管理

（1）账户类型

Windows 10 系统中的账户类型有两种：管理员和标准用户。管理员可以创建管理用户，对系统的操作权力最大。标准用户可以运行应用程序，无法进行系统更改操作。

（2）账户管理

通过"控制面板"｜"用户账户"｜"用户账户"可以打开图 1-21 所示窗口，可以通过其设置账户密码、更改账户名称、更改账户类型、创建新用户。

3．磁盘管理

（1）查看磁盘信息

在"此电脑"窗口中，右击某个驱动器，在弹出的快捷菜单中选择"属性"命令，会打开图 1-22 所示对话框，在对话框中可看到该磁盘的基本信息。

图 1-21　用户账户

（2）磁盘清理

计算机在使用一段时间后，由于频繁的读写操作，磁盘上会残留许多临时文件或安装文件等无用的文件，"磁盘清理"程序可以清除掉这些无用文件，释放磁盘空间。操作步骤如下：

①在磁盘属性对话框中选择"常规"选项卡，单击"磁盘清理"按钮，打开磁盘清理对话框。

②在"要删除的文件"列表框中，选中相应的复选框来确认需要删除的文件类型。单击"确定"按钮，然后在要求确认的对话框中单击"是"按钮，系统开始自动清理。

（3）磁盘格式化

在"此电脑"窗口中，右击某个驱动器，在弹出的快捷菜单中选择"格式化"命令，会打开图 1-23 所示对话框，设置参数后单击"开始"按钮对该磁盘进行格式化。需要注意，对磁盘进行格式化将会删除磁盘上的所有文件，需要谨慎操作。

4．设备管理

（1）查看系统设备

图 1-22　磁盘属性对话框

用户可以通过查看设备来了解当前计算机安装的硬件设备的基本情况。

右击"此电脑"图标，在弹出的快捷菜单中选择"属性"命令，在打开的窗口左侧选择"设备管理器"，打开图 1-24 所示的"设备管理器"窗口，用户可以查看所有已经安装到系统中的硬件设备。

图 1-23 格式化磁盘 　　　　　图 1-24 "设备管理器"窗口

（2）禁用和启用设备

当某个系统设备暂时不用时，用户可以禁用它，这样有利于保护系统设备。

①要禁用设备，在设备管理器中右击要禁用的设备，在弹出的快捷菜单中选择"禁用设备"命令，在打开的确认提示框中选择"是"。

②要启用设备，在设备管理器中右击要启用的设备，在弹出的快捷菜单中选择"启用设备"命令。

1.3.3　课内实验

1. 实验名称

Windows 10 操作系统高级操作。

2. 实验目的

掌握 Window 10 的用户管理、磁盘管理和设备管理等操作。

3. 实验环境

①硬件环境：微型计算机。

②软件环境：Windows 10 操作系统。

4. 实验内容

①磁盘管理。

②设置用户账户。

③个性化与显示设置。

④任务管理器的操作。

⑤系统还原。

5．实验步骤

（1）磁盘管理

①查看 D 盘的文件系统及可用空间：在"此电脑"窗口，右击 D 盘图标，在弹出的快捷菜单中选择"属性"命令，在打开的对话框中可以查看 D 盘的文件系统、容量等信息。

②对 D 盘进行磁盘清理：在 D 盘的属性窗口单击"磁盘清理"按钮，打开磁盘清理对话框，选择要删除的文件类型，单击"确定"按钮进行清理。

（2）设置用户账户

在计算机上增加一个新用户：单击"开始"|"Windows 系统"|"控制面板"|"用户账户"，在打开的窗口中选择"用户账户"栏目下"删除用户账户"选项，打开"管理账户"窗口，单击该窗口下部的"在电脑设置中添加新用户"命令打开"设置"窗口，如图 1-25 所示，单击"将其他人添加到这台电脑"，打开"Microsoft 账户"对话框，如图 1-26 所示。

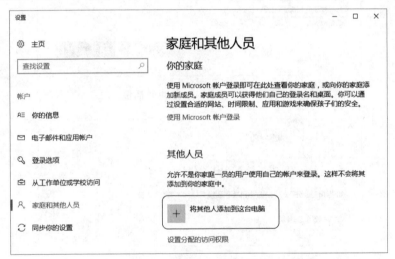

图 1-25　设置用户窗口

如果有 Microsoft 账户，在提示框中输入电子邮件或电话号码，单击"下一步"按钮可添加相应的账户信息。如果没有 Microsoft 账户信息，单击"我没有这个人的登录信息"，打开创建账户对话框，单击"添加一个没有 Microsoft 账户的用户"命令，打开创建新账户对话框，如图 1-27 所示，输入用户名、密码、确认密码和密码提示问题后，单击"下一步"按钮，该用户就被添加了。

（3）个性化与显示设置

①设置屏幕分辨率。在桌面空白位置右击，在弹出的快捷菜单中选择"显示设置"命令，打开"设置"窗口（见图 1-17）。在"分辨率"下拉列表框中选择想要设置的分辨率，屏幕分辨率会立刻变为设置的分辨率并出现确认提示框。如果要使用新的分辨率，单击"保留更改"按钮；如果要还原为原来的分辨率，单击"还原"按钮；如果在 15 s 内没有进行操作将会自动还原为原来的分辨率。

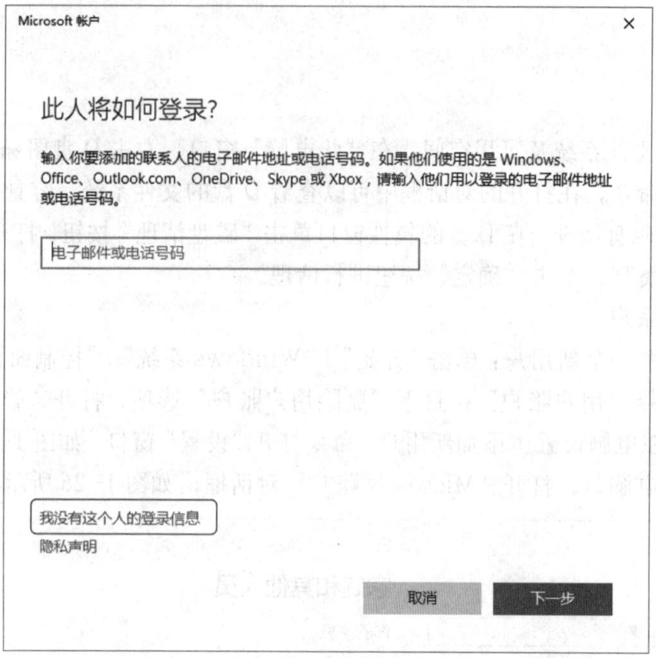

图 1-26　Microsoft 账户对话框

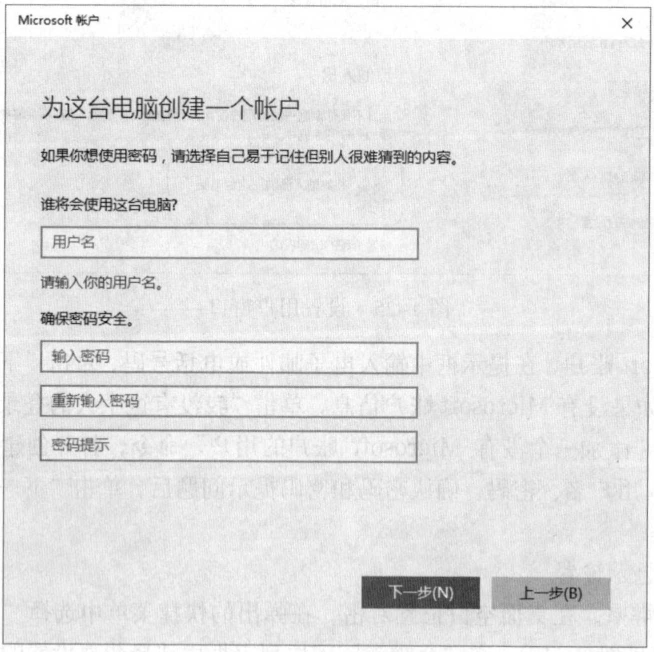

图 1-27　创建新账户对话框

②设置屏幕保护程序。右击桌面空白位置，在弹出的快捷菜单中选择"个性化"命令，在打开的窗口中单击左侧列表的"锁屏界面"命令，进入设置锁屏界面，如图 1-15 所示。锁屏界面就是登录系统时的界面，这个图片是可以自定义的。单击窗口下部的"屏幕保护程序设置"命令，打开"屏幕保护程序设置"对话框，如图 1-28 所示，在这个对话框中就可以设置屏幕保护程序了。

图 1-28　"屏幕保护程序设置"对话框

（4）任务管理器的操作

①启动任务管理器：按【Ctrl+Shift+Esc】组合键，可启动任务管理器，如图 1-29 所示。

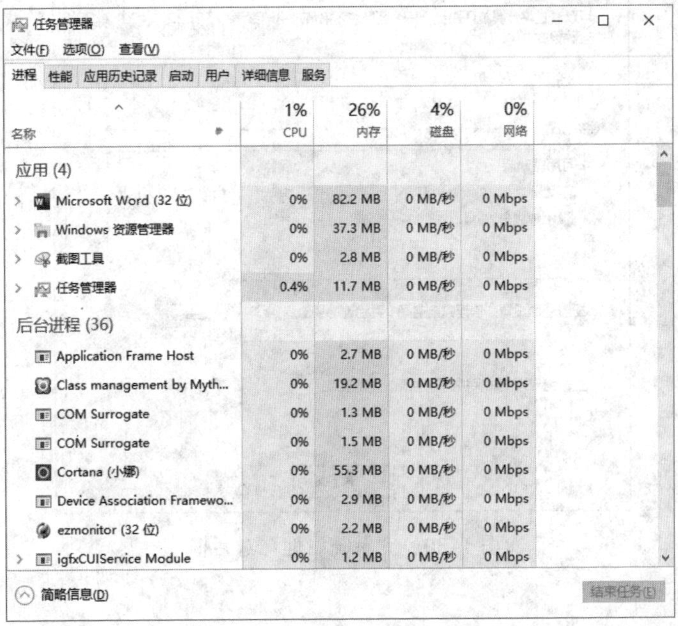

图 1-29　"任务管理器"窗口

②结束应用程序：在"任务管理器"窗口中，单击"进程"选项卡，在"应用"列表中选择想关闭的应用程序，单击右下角"结束任务"按钮，可结束该程序。

③结束进程：在"任务管理器"窗口中，单击"进程"选项卡，在"后台进程"列表中选

择想关闭的进程，单击"结束任务"按钮，可结束该进程。

（5）系统还原

Windows 10 的系统还原功能允许用户在系统出现问题时将计算机还原到过去的某个正常状态，同时不会丢失个人数据文件。还原步骤如下：

①创建还原点。

过去的某个正常状态称为还原点。一般计算机会自动在计划的时间内或在安装特定程序之前创建还原点。若需要自己创建还原点，可按下面的步骤操作：

右击"此电脑"图标，在弹出的快捷菜单中选择"属性"命令，在打开的窗口右侧的列表中选择"系统保护"命令，打开"系统属性"对话框，如图 1-30 所示，在"保护设置"列表中选择"本地磁盘（C：）"，单击"创建"按钮，即可创建一个还原点。

②恢复到还原点。

一旦系统出现问题，需要恢复到以前的某个状态，可按下面的步骤操作：

打开"系统属性"对话框，单击"系统还原" 按钮，单击"下一步"按钮。在"系统还原"对话框中，选择需要的还原点，单击"下一步"按钮，根据提示操作，可对系统进行还原。

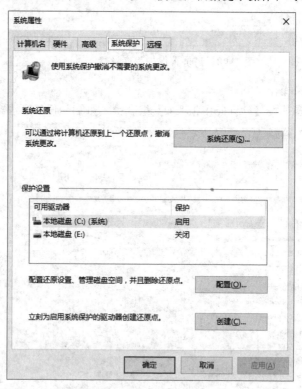

图 1-30 "系统属性"对话框

6. 实验思考

如果发现系统没有 Windows 10 的附件和常用工具，应怎么安装它们？

1.3.4 课后实训

1. 实训名称

Windows 10 操作系统高级操作。

2．实训目的

了解 Window 10 的系统工具、用户管理、磁盘管理和设备管理的一些技巧操作。

3．实训环境

①硬件环境：微型计算机。

②软件环境：Windows 10 操作系统。

4．实训内容

①使用 Windows 10 的计算器进行二进制数和十进制数的转换。

②删除不需要的 Windows 10 组件。

③将应用程序添加到磁贴区域。

④快速检查磁盘错误。

⑤减少系统启动时加载的项目。

⑥远程桌面连接。

5．实训思考

①怎样自由调整分区盘符？

②怎样清除还原点，释放磁盘空间？

第2章 Office 2016 办公软件

Microsoft Office 2016 是微软的一个庞大的办公软件集合，其中包括了 Word、Excel、PowerPoint、OneNote、Outlook、Skype、Project、Visio 以及 Publisher 等组件和服务，for Windows 版于 2015 年 9 月 22 日正式发布。Office 2016 也称 Office 16，是针对 Windows 10 环境从零全新开发的通用应用。该软件共有 5 个版本，分别为 Office 2016 "家庭和学生版" "家庭和学生版 for Mac" "小型企业版" "小型企业版 for Mac" "专业版"。Office 2016 常用的几个组成成员有：

文字处理软件 Word 2016：是世界上应用最为广泛的文字处理软件，提供了世界上最出色的功能，利用它可更轻松、高效地组织和编写文档，其增强后的功能可创建专业水准的文档，用户可以更加轻松地与他人协同工作并可在任何地点访问文件。

电子表格软件 Excel 2016：是一个专门处理电子表格的软件。可以通过比以往更多的方法分析、管理和共享信息，从而帮助用户做出更好、更明智的决策。全新的分析和可视化工具可帮助用户跟踪和突出显示重要的数据趋势。可以在移动办公时从几乎所有 Web 浏览器或 Smartphone 访问重要数据，甚至可以将文件上载到网站并与其他人同时在线协作。无论是要生成财务报表还是管理个人支出，使用 Excel 2016 都能够更高效、更灵活地实现用户的目标。

演示文稿制作软件 PowerPoint 2016：使用 Microsoft PowerPoint 2016，可以使用比以往更多的方式创建动态演示文稿并与观众共享。新增音频和可视化功能可以帮助用户讲述一个简洁的电影故事，该故事既易于创建又极具观赏性。此外，PowerPoint 2016 可使用户与其他人员同时工作或联机发布演示文稿并使用 Web 或 Smartphone 从几乎任何位置访问它。

2.1 Word 2016 文档基本操作实验

2.1.1 实验介绍

通过本实验熟练掌握 Word 2016 的启动和退出；文档的建立、保存与打开；文本的选定与编辑；字符格式化与段落格式化；页面格式化；表格的建立与格式化。

2.1.2 知识点

Word 2016 主要用于文本处理工作，可创建和制作具有专业水准的文档，能轻松、高效地组织和编写文档，其主要功能包括强大的文本输入与编辑功能、各种类型的多媒体图文混排功能、精确的文本校对审阅功能，以及文档打印功能等。Word 2016 在旧版本功能的基础上，还增加了图标、搜索框、垂直和翻页，以及移动页面等新功能。

1．Word 2016 的启动和退出

（1）Word 2016 的启动

①常规启动：单击"开始"按钮打开"开始"菜单，在字母 W 开头的应用程序列表中找到 Word，单击即可启动 Word 2016，如图 2-1 所示。

图 2-1　Word 2016 启动界面

②快捷启动：双击桌面上的 Word 2016 快捷方式图标。

③通过已有文档进入 Word 2016 启动：在"资源管理器"窗口中双击需要打开的 Word 文档，就会在启动 Word 2016 的同时打开该文档。

（2）Word 2016 的退出

①单击 Word 2016 窗口右上角的"关闭"按钮。

②【Alt+F4】按组合键。

在退出 Word 2016 时，如果编辑的文档没有保存，Word 2016 将出现提示框，询问用户是否保存对文档的修改。

2．Word 2016 的工作窗口

在 Word 2016 的启动界面单击"空白文档"图标将会进入 Word 2016 工作窗口，如图 2-2 所示，窗口各部分功能如下：

（1）标题栏

在工作窗口的最上方，它的作用一是指明当前的工作环境，二是用于显示当前正在编辑的文档的文件名和应用程序名等相关信息，主要包括当前文档名称、应用程序名称和一组控制按钮（最大化/还原、最小化、关闭）。首次进入 Word 2016 时，默认打开的文档名为"文档 1"，其后依次是"文档 2""文档 3"……Word 2016 文档的扩展名是 .docx。

（2）快速访问工具栏

快速访问工具栏实际上是一个命令按钮的容器。用户可以根据需要添加和删除命令按钮，或者改变其在主窗口界面中的位置。单击快速访问工具栏最右边的"自定义快速访问工具栏"按钮，打开图 2-3 所示的下拉列表，在下拉列表中选择需要的命令即可添加到快速访问工具栏中。

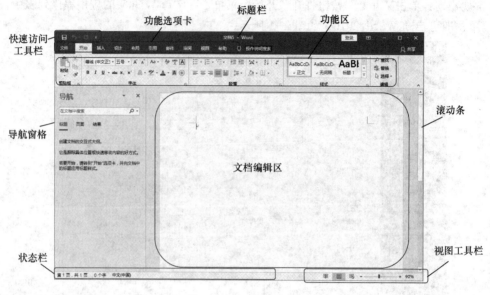

图 2-2　Word 2016 的工作窗口

（3）功能选项卡

功能选项卡位于标题栏的下方，它包括 Word 2016 工作窗口中的所有命令。这些命令按功能分为"文件""开始""插入""设计""布局""引用""邮件""审阅""视图""帮助"10类。每一类选项卡中又包含实现若干功能的选项组面板，用户可以单击选项卡，然后选择功能选项组面板中的命令按钮来执行命令项。

（4）功能面板区

功能面板区包含了某一类选项下所涵盖的功能按钮。单击某一按钮可完成对应的功能或者弹出下级列表命令项。

（5）滚动条

滚动条分为水平滚动条和垂直滚动条。当文档内容过多时，超过窗口可显示范围时会出现滚动条，可通过拖动滚动条上下左右滚动窗口，显示文档的不同部分。

图 2-3　快速访问工具栏

（6）导航窗格

导航窗格位于窗口左侧，能够帮助用户快速找到每个章节，清晰看到每个章节的分类。当用户单击导航窗格中的章节时，会立刻跳转到该章节。

（7）状态栏

状态栏位于窗口的底部，显示当前 Word 文档的一些信息，如页码、总页数以及当前光标位置等信息，通过它可以非常方便地了解文档的相关信息。

（8）视图工具栏

视图工具栏位于窗口底部的右侧，包含视图切换按钮和调整文档显示比例的滑动条。

（9）文档编辑区

文档编辑区又称工作区，是位于窗口中央的空白区域，用于输入和编辑文字，插入图表、图形及图片等。在文档编辑区左上角有不停闪烁的光标，称为插入点，来指示下一个字符输入的位置。

3．Word 2016 使用的一般步骤

Word 2016 充分利用了 Windows 的图形界面，让用户轻松地处理文字、图形和数据，创建出图文并茂、赏心悦目的文档，实现真正的"所见即所得"。

使用 Word 2016 创建文档的操作步骤如下：

（1）启动 Word 2016，创建新文档。

（2）输入文字。

（3）修改（编辑）文档，如改正错别字、增加或删除内容、调整段落的顺序等。

（4）设置格式，如设置文字的字体（形）、大小，设置行与行之间的间距、设置纸张的方向、大小等。

（5）保存文档。

4．文档的创建、保存及打开

（1）文档的创建

在启动 Word 2016，进入工作窗口后，系统就创建一个空白文档，并在标题栏中显示名字"文档1"，用户可直接在插入点后输入文字、符号、表格、图形等内容以建立一个新文档。

若在 Word 2016 工作过程中需要创建新文档，常用以下几种方法：

①利用快速访问工具栏完成：在快速访问工具栏中添加"新建"按钮，单击"快速访问工具栏"中的"新建"按钮，如图 2-4 所示。

图 2-4　通过快速访问工具栏新建文档

②按【Ctrl+N】组合键。

③选中"文件"│"新建"命令，打开新建文档窗口，除了可以新建空白文档外，还可以利用 Word 模板创建特定格式的文档。

（2）文档的保存

处理完文档输入后都需要进行保存的操作，以便让文档以文件的形式保存在存储器上。

保存新文档，可以通过"文件"│"保存"或"文件"│"另存为"命令，打开"另存为"窗口，如图 2-5 所示。单击"浏览"按钮打开"另存为"对话框，如图 2-6 所示，根据需要设置保存的位置、保存的文件名、保存的文件类型，然后单击"保存"按钮，文档就被保存到存储器上了。

图 2-5　"另存为"窗口

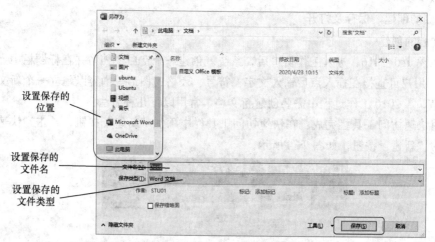

图 2-6　"另存为"对话框

① 保存已有文档,可以选择"文件"|"保存"命令或单击快速访问工具栏中的"保存"按钮。

② 自动保存文档:为了防止意外情况(如停电等)发生时丢失对文档所做的编辑,Word提供定时自动保存文档的功能。设置"自动保存"功能方法如下:

选择"文件"|"选项"命令,打开图 2-7 所示"Word 选项"对话框,在左侧列表中单击"保存",在右侧选中"保存自动恢复信息时间间隔"复选框(系统默认为选中状态),表示使用"自动保存"功能。在复选框后的微调控制项中设置自动恢复的时间间隔或直接输入时间后,单击"确定"按钮完成设置。

Word 2016 文档存盘后,其默认的文件扩展名为.docx。

③ 将 Word 2016 文档保存为 PDF 格式

将 Word 2016 文档保存为 PDF 格式的方法如下,选择"文件"|"另存为"命令,在"另

存为"窗口单击"浏览"按钮打开"另存为"对话框，在"保存类型"下拉列表中选中 PDF，单击"保存"按钮就可将当前文档保存为 PDF 格式的文档。

图 2-7　"Word 选项"对话框

（3）文档的关闭

Word 2016 可以同时打开多个文档进行编辑，当不需要某个文档时可以将其关闭。在"文件"选项卡中选择"关闭"命令就可关闭当前文档。

（4）文档的打开

①打开最近使用过的文件，只需打开"文件"选项卡，在右边"最近"列表中的这些文件将被列出，单击进行选择即可，如图 2-8 所示。

②打开以前保存的文档，选择"文件"｜"打开"命令，在"打开"窗口单击"浏览"按钮打开"打开"对话框，利用该对话框找到以前的文档后单击"打开"按钮就可在 Word 中打开该文档。

5. 文档的编辑操作

文档的编辑操作包括文本的输入、删除、移动、复制、查找、替换等。

（1）文档的输入

输入文字是文字处理的一项最基本、最重要的操作，文字包括了汉字、英文以及特殊字符。输入汉字和英文应注意及时切换 Windows 任务栏上的输入法状态。对于一些在键盘上找不到的符号，可以在"插入"选项卡中单击"符号"按钮，在"符号"对话框中查找。

①输入字符。

a. 输入英文：在英文状态下通过键盘可以直接输入英文、数字及标点符号。需要注意的是：

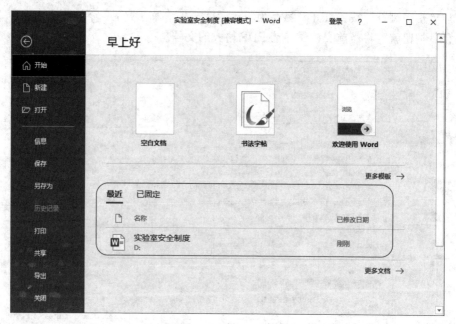

图 2-8 "最近"文件列表

- 按【Caps Lock】键可输入英文大写字母，再次按该键输入英文小写字母。
- 按住【Shift】键的同时按双字符键将输入上挡字符；按住【Shift】键的同时按字母键输入英文大写字母。
- 按【Enter】键，插入点自动移到下一行行首。
- 按【Space（空格）】空格键，在插入点的左侧插入一个空格符号。

b. 输入中文：在 Word 2016 中，选择一种中文输入法，就可以在插入点处开始中文的输入。对于中文 Windows 系统，按【Ctrl+Space】组合键可在英文输入和中文输入之间切换；按【Ctrl+Shift】组合键在各种输入法之间切换。

②输入标点符号：单击输入法状态条中的中英文标点切换按钮，显示"。，"按钮时表示处于"中文标点输入"状态，显示"·,"按钮时表示处于"英文标点输入"状态；也可以按【Ctrl+.】组合键进行转换。

③插入符号：在文档中通常不会只有中文或英文字符，在很多情况下还需要输入一些符号和字符，例如 ¤、™、®、±、β 以及 π 等，这时仅通过键盘是无法输入这些符号的。Word 2016 提供了插入符号的功能，用户可以在文档中插入各种符号。

可以插入的符号和字符的类型取决于可用的字体。单击"插入"选项卡中的"符号"按钮，在下拉列表中选择"其他符号"打开"符号"对话框，如图 2-9 所示。选择"符号"选项卡，在"字体"列表框中选择相应选项（如普通文本），再在"子集"列表中选择子集分类，在符号框中选定所需的符号后单击"插入"按钮，或双击所需的符号，都可以将选中的符号插入到文档中。

（2）选定文本

在 Word 2016 中，很多操作都是针对选定的文本进行的，所谓"选定"，就是在文档中灰底显示该文本，让 Word 2016 知道它要操作的对象。选定文本既可以使用鼠标，也可以使用键盘，还可以结合鼠标和键盘进行选取。

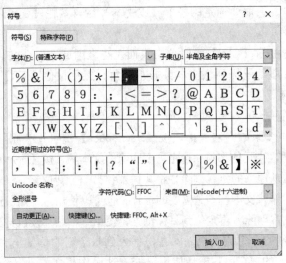

图 2-9 "符号"对话框

①使用鼠标选定文本。

鼠标可以轻松地改变插入点的位置，因此使用鼠标选取文本十分方便。

a．移动鼠标。将鼠标指针移动到要选定文本的开始位置，然后按住鼠标左键不放，拖动鼠标至要选取的文本块结束的位置后松开鼠标左键。

b．双击鼠标。在一行文字上双击鼠标左键，可选定一个英文单词或中文词汇。

c．三击鼠标。在一个段落上连击鼠标三次，可选定该段落。

d．在左边缘选取文本。将鼠标指针移动到页的左边缘上，这时鼠标指针变成向右上的箭头形状。单击鼠标则选取所指向的一行；双击鼠标则选取所指向的一段；三击鼠标则选取全文；按住鼠标左键不松开然后拖动，则选取所拖动过的若干行。

②使用键盘选取文本。

使用键盘上相应的快捷键，同样可以选取文本。具体见表 2-1。

表 2-1 使用快捷键选取文本

快 捷 键	功 能
Shift+→	选取光标右侧的一个字符
Shift+←	选取光标左侧的一个字符
Shift+↑	选取光标位置至上一行相同位置之间的文本
Shift+↓	选取光标位置至下一行相同位置之间的文本
Shift+Home	选取光标位置至行首
Shift+End	选取光标位置至行尾
Shift+PageDown	选取光标位置至下一屏之间的文本
Shift+PageUp	选取光标位置至上一屏之间的文本
Ctrl+Shift+Home	选取光标位置至文档开始之间的文本
Ctrl+Shift+End	选取光标位置至文档结尾之间的文本
Ctrl+A	选取整篇文档

③鼠标键盘结合选取文本。

使用鼠标和键盘结合的方式不仅可以选取连续的文本，也可以选择不连续的文本。

a．选取不连续文本。选取要选定的段落（或文本）后再按住【Ctrl】键选取其余需选取段落（文本）。

b．选取整篇文档。按住【Ctrl】键时单击页面左边缘区域选取全文。

c．选取矩形文本。移动鼠标到该文本块的左上角，然后按住【Alt】键并拖动鼠标，则鼠标所经过的文本会被选定。

（3）删除、移动与复制

删除文本是将文档中多余的内容去掉。按【Backspace】键可逐个删除插入点前的字符；按【Delete】键可逐个删除插入点后的字符；选定需要删除的文本块，按【Delete】键可删除该文本块。

移动文本是指将文本从原来的位置删除并将其插入到另一个新位置。移动文本前先选定文本，然后可以使用鼠标拖动操作将文本移动到需要的位置，也可以使用"开始"选项卡中"剪贴板"功能组的"剪切"按钮将文本删除，再定位到目标位置，使用"粘贴"按钮将文本移动到目标处。

复制文本是把原文本的一个完全相同的备份插入到一个新的位置上。复制文本前先选定文本，然后可以按住键盘上的【Ctrl】键后使用鼠标拖动操作将文本复制到需要的位置，也可以使用"开始"选项卡中"剪贴板"功能组的"复制"按钮将文本复制，再定位到目标位置，使用"粘贴"按钮将文本复制到目标处。

（4）查找与替换

在文档的编辑过程中，常常需要定位或替换某些内容。例如，需要将整个文档中的所有"电脑"置换为"计算机"，人工查找会十分费时且可能有遗漏，而使用查找与替换功能就很方便。单击"开始"选项卡，在"编辑"功能组中单击"查找"按钮后的小三角按钮，在列表中选择"高级查找"，将打开"查找和替换"对话框，如图 2-10 所示。

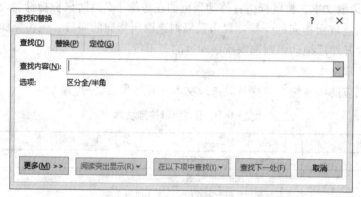

图 2-10　"查找和替换"对话框

在"查找内容"中输入要查找的文本，在"在以下项中查找"定义查找范围，然后单击"查找下一处"按钮执行，也可以在"阅读突出显示"中选择"全部突出显示"，把查找结果突出显示出来；如果需要把查找的内容替换，那么再单击"替换"选项卡，在"替换为"文本框中输入要替换的文本，然后单击"替换"或"全部替换"按钮即可。

6．文档的格式化

在对已建立的文档进行基本编辑后，接下来就是对其进行格式化。所谓文档格式化，就是按照一定的要求改变文档外观的一种操作，通常包括字符格式化、段落格式化和页面格式化。

（1）字符格式化

对字符的格式化处理，包括选择字体、字号、颜色、下画线、特殊效果、设置字符间距、动态效果等，各种效果见表 2-2。

表 2-2　格式化效果

格 式 名 称	效 　 果
字体	宋体　**隶书**　楷体　…
字号	五号　三号　…
字形	常规　*倾斜*　加粗　***倾斜加粗***
颜色	红色　蓝色
下画线	单下画线　双下画线　波浪线
着重号	着重号
效果	删除线　双删除线　上标　下标　阴影　空心
字符间距	标准　加宽 0.1 厘米　紧缩1磅
边框	文字边框
底纹	文字底纹　深色 15%　淡色 50%

①设置字符常规格式。

字符的设置可以通过"开始"选项卡的"字体"功能组来完成，如图 2-11 所示。

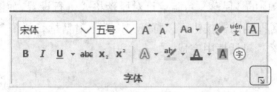

图 2-11　"字体"功能组

也可通过"字体"对话框设置字符格式。单击"开始"|"字体"功能组的右下方的箭头状图标或通过右键快捷菜单选择"字体"命令打开"字体"对话框，如图 2-12 所示。在"字体"对话框中对各项进行设置。设置字符间距时，默认的间距单位为"磅"，若要求设置的单位为"厘米"或"字符"，可直接在设置框中输入如"1 厘米""2 字符"等，Word 2016 将自动转换单位。

②设置字符特殊效果。

除了基本的字符格式，Word 还为用户提供了几种特殊的字符效果，可以通过"字体"面板上的命令按钮实现，包括上下标按钮、拼音指南、字符边框、文本突出显示颜色、字符底纹、带圈字符等。

（2）段落格式化

在文档中，凡是以" ↵ "（也称回车符）标记为结束的一段内容称为一个段落。用户可以先输入文本，再进行段落格式设置；也可以先设置段落格式，再输入文本，这时所设置的段落格式只对设置后输入的段落有效。如果要对已录入的某一段落设置格式，只要把插入点定位在该段落的任意位置，即可进行操作；如果对多个段落设置格式，则应先选择所有需要段落设置的段落。

图 2-12 "字体"对话框

利用"开始"选项卡中的"段落"功能组可对段落格式进行设置,如图 2-13 所示。单击"段落"功能组右下角的对话框启动器按钮可以打开"段落"对话框,如图 2-14 所示,段落格式的大部分设置可以在"段落"对话框中完成。

图 2-13 "段落"功能组   图 2-14 "段落"对话框

常见段落格式的名称及作用如下：

①对齐方式：

a．左对齐：段落以页面左边距对齐，此时段落右边缘可能不整齐。

b．居中：段落以页面正中间位置对齐，常用于标题等。

c．右对齐：段落以页面右边距对齐，此时段落左边可能不整齐。

d．两端对齐：段落以页面的左边距对齐，符合正常的排版习惯。

e．分散对齐：在左右边距之间均匀分布文本，如果某行不是整行，则增加字距使其凑成整行。

②缩进：

段落缩进是指段落中的文本与页边距之间的距离。Word 2016 中提供了多种不同的缩进方式：

a．左缩进：段落的左边界移到缩进位置。

b．右缩进：段落的右边界移到缩进位置。

c．首行缩进：段落首行的左边界移到缩进位置，其他各行保持与左边界对齐。

d．悬挂缩进：段落首行的左边距不变，其他各行移到缩进位置。

③间距：段落间距的设置包括文档行间距与段间距的设置。所谓行间距，是指段落中行与行之间的距离；所谓段间距，是指前后相邻段落之间的距离。

（3）设置项目符号和编号

使用项目符号和编号列表，可以对文档中并列的项目进行组织，或者将顺序的内容进行编号，以使这些项目的层次结构更清晰、更有条理。

①Word 2016 提供了自动添加项目符号和编号的功能。

如果要创建项目符号列表，首先在行首输入"*"，再加一个空格，星号会自动转换为圆点，当输完一行按【Enter】键后，Word 会在新的行首自动添加该项目符号。

要创建编号列表，首先在首行输入第一个数字或字母，加一个小数点、顿号或括号如"1."" （1）""a、"，再加一个空格，然后输入列表内容，按【Enter】键时将自动连续编号。

②添加项目符号和编号。

选定要添加项目符号或编号的文本，选择"开始"选项卡，单击"段落"功能组中"项目符号"或"编号"按钮后的小三角按钮，打开"项目符号"或"编号"列表，如图 2-15 和图 2-16 所示，在列表中可选择需要的项目符号和编号。

③创建多级列表。

多级列表用于区分不同级别的标题或文本段落。将插入点定位在要插入多级列表的位置，选择"开始"选项卡，单击"段落"功能组中"多级列表"按钮弹出"多级列表"列表，如图 2-17 所示，单击所需要的列表格式。

图 2-15　"项目符号"列表

（4）为段落添加边框和底纹

边框是指围在段落四周的框，底纹是指用背景颜色填充一个段落。

①段落或文字添加边框。

Word 2016 提供了多种边框供选择，用来强调或美化文档内容。单击"段落"功能组中"边框"按钮后的小三角按钮，在打开的列表中选择"边框和底纹"，将打开"边框和底纹"对话框，如图 2-18 所示，选择"边框"选项卡。在"设置"选项区域中有 5 种边框样式，从中可选择所需的样式；在"样式"列表框中列出了各种不同的线条样式，从中可选择所需的线型；在"颜色"和"宽度"下拉列表框中，可以为边框设置所需的颜色和相应的宽度；在"应用于"下拉列表框中，可以设定边框应用的对象是文字或者段落，设置好后单击"确定"按钮，所选择的段落或文字周围会添加边框。

图 2-16　"编号"列表

图 2-17　"多级列表"列表

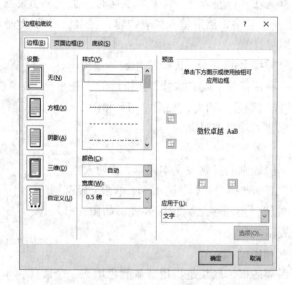

图 2-18　"边框和底纹"的边框设置

②段落或文字添加底纹。

要设置底纹，只需在"边框和底纹"对话框中选择"底纹"选项卡，如图 2-19 所示，在其中对填充的颜色和图案等进行设置，在"应用于"下拉列表框中，可以设定边框应用的对象是文字或者段落，设置好后单击"确定"按钮，所选择的段落或文字添加底纹。

图 2-19　"边框和底纹"的底纹设置

（5）页面格式化

页面格式化主要设置页面的上、下、左、右边距，页面方向，纸张大小，以及页眉页脚距边界的距离等。

单击"布局"选项卡，在"页面设置"功能组中可设置页面的格式，如图 2-20 所示。

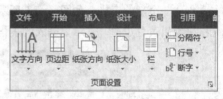

图 2-20　"页面设置"功能组

页边距是指文档与纸张边缘的距离。单击"页面设置"功能组中的"页边距"按钮，在打开的列表中选择"自定义页边距"，打开"页面设置"对话框，如图 2-21 所示。在"页边距"中可分别设置上、下、左、右边距，在"纸张方向"中可设置纸张是纵向还是横向。

（6）页眉和页脚的设置

页眉和页脚是出现在每页顶端和底端的文字。页眉和页脚中常常包含页码、页数、章节标题等。Word 中既可以为所有的页设置相同的页眉和页脚，也可以根据需要对奇、偶页采用不同的格式。选择"插入"选项卡，在"页眉和页脚"功能组中可以设置"页眉""页脚""页码"的样式和位置，插入了"页眉"或"页脚"后，光标定位到"页眉"或"页脚"的位置，窗口顶端会出现"页眉和页脚工具"，可对页眉和页脚进行更多的设置，如图 2-22 所示。

（7）打印预览和打印

在文档编辑完成之后，用户还可以对文档打印的具体情况进行设置。例如，仅想打印文档中的部分内容或对同一份文档需要打印多份等。

图 2-21　"页面设置"对话框

图 2-22　页眉和页脚工具

选择"文件"|"打印"命令，会出现打印预览窗口，在其中可以对打印机、打印范围、打印品质、纸张、送纸方式等进行设置，在右侧可以看到打印的预览效果，单击"打印"按钮即可按设置进行打印。

7. 表格处理

Word 的表格处理功能包括制作并编辑表格，向表格中输入内容并格式化该内容。

表格通常分为标准的二维表和复杂的自定义表格。创建标准的二维表是非常简单的，而创建复杂的自定义表格需要在标准的二维表基础上进行加工而成。

（1）创建表格

①快速插入表格。

a. 选择"插入"选项卡的"表格"选项组，单击"表格"按钮，在其下拉列表中可以选择多种方式创建一个新的表格，如图 2-23 所示。用鼠标指针在画了表格的区域划过，鼠标指针划过的单元格呈现出黄色边框，表示要插入的表格的行数和列数，单击即可完成相应大小表格的插入。

图 2-23　利用单元格插入表格

图 2-24　"插入表格"对话框

b. 选择"插入"|"表格"|"插入表格"命令，利用"插入表格"对话框创建表格，如图 2-24 所示。在该对话框中设置表格尺寸和单元格宽度，然后单击"确定"按钮即可插入表格。

c. 选择"插入"|"表格"|"快速表格"命令，可以插入一些 Word 2016 内置的常用格式表格。

②绘制表格。

在 Word 2016 中还提供了手工制表的功能，可以让用户如同拿了铅笔和橡皮擦，自由地绘制复杂的表格。选择"表格"|"绘制表格"，此时鼠标将变成一支笔的形状，在文档编辑区拖

动鼠标可绘制表格的外边框，此时将出现"表格工具"工具栏，包括"设计"和"布局"两个
选项卡，如图 2-25 和图 2-26 所示，该工具栏可以对表格的边框样式、粗细、颜色和对齐方式
等内容进行设置。在外边框内拖动鼠标即可绘制行线和列线，表格绘制完成后，按【Esc】键可
退出绘制状态。

图 2-25　表格工具"设计"选项卡

图 2-26　表格工具"布局"选项卡

（2）单元格编号（见图 2-27）

表格中每行由数字 1、2、3 等行名标识，每列由
A、B、C 等列名标识，行与列交叉的方格称为单元格
（即表中的每个小格子）。

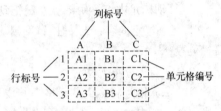

图 2-27　单元格编号

（3）编辑表格

①就像文章是由文字组成的一样，表格也是由一
个或多个单元格组成的。单元格就像文档中的文字一
样，要对它操作，必须先选取它。表格区域的选定操作方法见表 2-3。

表 2-3　表格区域的选定操作

要选定的对象	操　作
一个单元格	单击该单元格的左侧边框附近区域
一行	在该行左端外侧单击
一列	在该列顶端单击
某个矩形区域	从区域的左上角拖动鼠标到右下角
整个表格	单击表格左上角十字标记

②插入单元格、行或列。

如要插入行或列，在表格中选定要插入行或列的位置，在"表格工具"|"布局"|"行和列"
功能组中，单击相应的按钮。如要插入单元格，选择"表格工具"|"布局"，在其下方的"行
和列"功能组中，单击右下方的对话框启动器按钮，将打开"插入单元格"对话框，如图 2-28
所示，在这个对话框中进行相应设置。

③删除单元格、行或列。

选择"表格工具"|"布局"命令，在下方的"行和列"面板中单击"删除"按钮，将显示
删除列表，如图 2-29 所示，选择相应的命令即可进行删除操作。

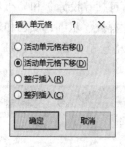

图 2-28　"插入单元格"对话框

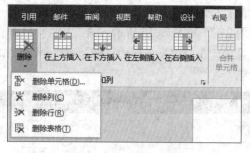

图 2-29　删除列表

在删除单元格时，由于可能引起表格布局的变化，在选择"删除单元格"命令时将打开"删除单元格"对话框，如图 2-30 所示。

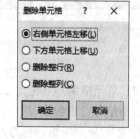

④移动或复制。

a．选取要移动或复制的行、列或单元格。

b．移动选定内容：用鼠标左键拖动到目标位置。

c．复制选定内容：先按住【Ctrl】键，再用鼠标拖动到目标位置。

⑤合并与拆分单元格。

图 2-30　"删除单元格"对话框

合并单元格是将多个单元格合并成一个单元格，拆分单元格是将一个单元格拆分成多个单元格。单击"表格工具"|"布局"|"合并"功能组中按钮可快速进行单元格的合并与拆分。

（4）格式化表格

表格属性设置实际上是表格格式的设置，它涉及表格的行高、列宽、对齐方式、文字环绕、边框和底纹以及单元格的对齐方式设置。

①调整行高和列宽。

对于表格的行高和列宽，既可以用鼠标直接拖动表格行、列线来完成，也可以通过"表格属性"对话框中来完成。

单击"表格工具"|"布局"|"单元格大小"功能组右下方的对话框启动器按钮，或选中表格后右击并在弹出的快捷菜单中选择"表格属性"命令，都将打开"表格属性"对话框，如图 2-31 所示。

②表格对齐。

表格的对齐有两种常用的方式，选中表格后，单击"开始"|"段落"功能组中的"左对齐""居中""右对齐"按钮或者打开"表格属性"对话框，在"表格"选项卡中的"对齐方式"中选择"左对齐""居中""右对齐"。

表格内容的对齐：选中要设置对齐方式的单元格后，在"表格工具"|"布局"|"对齐方式"功能组中通过 9 个对齐方式按钮设置单元格内容的水平和垂直的对齐方式，如图 2-32 所示。

③边框和底纹。

设置表格边框：表格边框的设置既可以利用"表格工具"|"设计"|"边框"功能组中"边框"下拉命令项完成，也可以利用"边框和底纹"对话框来完成。

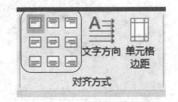

图 2-31　"表格属性"对话框　　　　　　图 2-32　"对齐方式"功能组

添加底纹：可以利用"表格工具"|"设计"|"表格样式"功能组中"底纹"下拉命令设置，也可用"边框和底纹"对话框"底纹"选项卡来设置表格单元格的边框或底纹，这样可选择更多的边框和底纹模板，使制作的表格更加美观。

④套用表格样式。

Word 2016 提供了多种预先定义好的表格格式，用户可以直接套用这些格式，方便地对表格进行格式设置。选择"表格工具"|"设计"，在"表格样式"功能组中将显示"表格样式"列表，将鼠标移动到某种样式上，可以看到表格将变为该样式，方便用户预览样式效果，如果单击某样式，表格将被设置为该样式。

（5）表格的数据功能

Word 2016 在"表格工具"工具栏"布局"选项卡的"数据"功能组中，为用户提供了"排序""重复标题行""转换为文本""公式"4 项数据功能。

①排序。

对表格中的内容排序分升序和降序两种方式。当对表格中的某一列或几列进行排序时，其他列的位置会随着发生改变。在 Word 2016 中，最多可按三列进行排序。

单击"表格工具"|"布局"|"数据"中的"排序"按钮将打开"排序"对话框，如图 2-33 所示，在该对话框中设置排序关键字、类型、升序还是降序、有无标题行，然后单击"确定"按钮，表格中的数据即可按设置进行排序。

②重复标题行。

在 Word 2016 文档中，如果一张表格需要在多页中跨页显示，则设置标题行重复显示很有必要，因为这样会在每一页都明确显示表格中的每一列所代表的内容。

选中当前编辑表格标题行（必须是表格的第一行），单击"表格工具"|"布局"|"数据"|"重复标题行"，效果如图 2-34 所示。

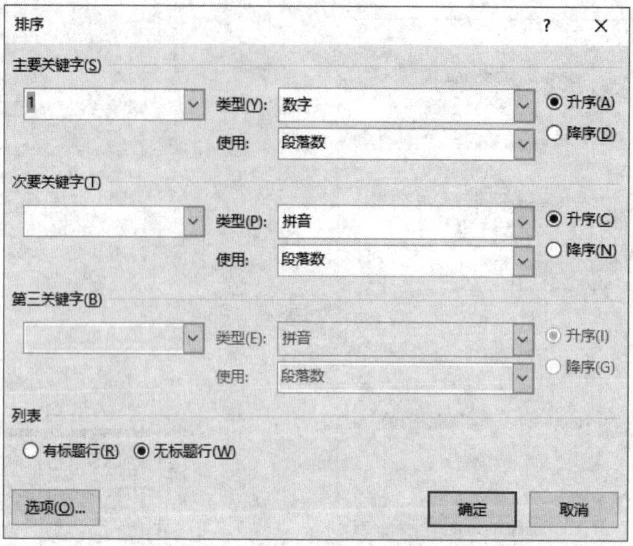

图 2-33 "排序"对话框

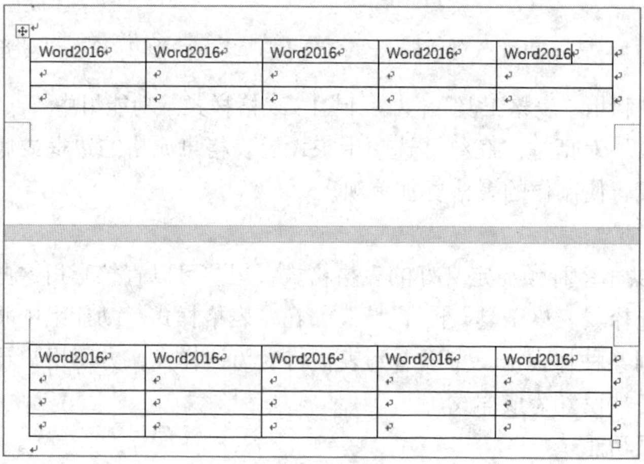

图 2-34 "重复标题行"效果

③表格和文本相互转换。

在 Word 2016 文档中，用户可以很容易地将表格内容转换为普通文本，将光标定位到表格中，单击"表格工具"|"布局"|"数据"中的"转换为文本"按钮，会打开"表格转换成文本"对话框，如图 2-35 所示，设置"文字分隔符"后单击"确定"按钮，表格内容就转换成了文本。

用户也可以将普通文本转换成表格内容，其中关键的操作是使用相同分隔符号将文本合理分隔，如图 2-36 所示。

④表格中使用公式。

Word 2016 中提供了许多数学计算的公式，可以在表格中很方便地进行一些算术运算。为了便于表示表格中的单元格，Word 将表格的列依次用英文字母 A、B、C 等表示，各行则用阿拉伯数字 1、2、3 等表示。如 B5 表示第五行第二列的这个单元格。

图 2-35 "表格转换成文本"对话框

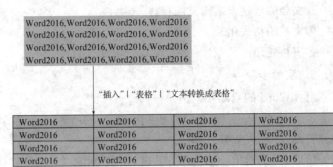

图 2-36 文本转换为表格

单击"表格工具"|"布局"|"数据"中的"公式"按钮，打开"公式"对话框，如图 2-37 所示。

在"公式"栏中直接输入所需要的公式，例如"=SUM（A1:B2）"表示求 A1 到 B2 这个单元格区域的和，注意公式前面的"="不能删除，所有的符号都是英文半角符号，英文字母大小写无关。也可以直接在"粘贴函数"列表框中选择函数，Word 常用函数以及常用参数见表 2-4。

图 2-37 "公式"对话框

表 2-4 Word 常用函数以及常用参数

常 用 函 数	作 用	参 数	计 算 范 围
SUM	求和	ABOVE	计算单元格当前列上面的数
AVERAGE	求平均值	BELOW	计算单元格当前列下面的数
PRODUCT	求积	LEFT	计算单元格当前行左面的数
MAX	求最大值	RIGHT	计算单元格当前行右面的数
MIN	求最小值		

2.1.3 课内实验

1. 实验名称

Word 文档基本操作。

2. 实验环境

①硬件环境：微型计算机。

②软件环境：Windows 10、Word 2016。

3. 实验目的

掌握 Word 的启动与退出；掌握文档的建立、保存、编辑与排版操作；掌握简单表格的制作方法。

4. 实验内容

①Word 的启动和退出。

②Word 工作窗口的操作。

③文档的创建、编辑及保存。

④文档的格式化。

⑤表格处理。

5. 实验步骤

(1) Word 的启动和退出

①Word 的启动。单击"开始"按钮打开开始菜单，在字母 W 开头的应用程序列表中找到 Word，单击启动 Word 2016。

②Word 的退出。单击 Word 窗口右上角的"关闭"按钮。

(2) Word 工作窗口的操作

①设置快速访问工具栏。

选择"自定义快速访问工具栏"|"其他命令"，可以在出现的对话框里批量增删命令按钮，如图 2-38 所示。

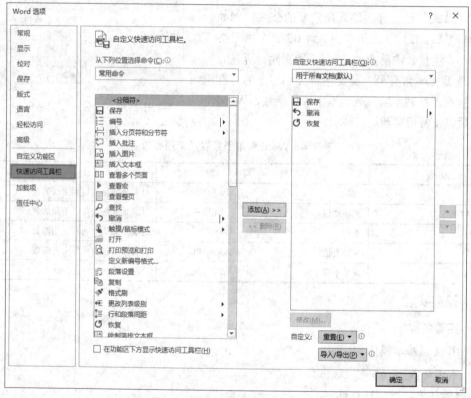

图 2-38 设置"快速访问工具栏"

②设置功能区。

隐藏或显示功能区：单击功能区右下角"折叠功能区"按钮，即可隐藏功能区。

自定义功能区：在功能区面板任意空白位置右击，在弹出的快捷菜单中选择"自定义功能区"命令，可打开对其进行设置的对话框，如图 2-39 所示。

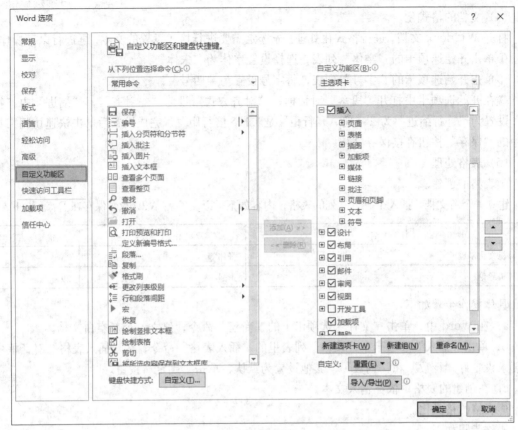

图 2-39　自定义功能区设置

（3）文档的创建、编辑及保存

① 文档的创建。

在进入 Word 2016 工作窗口后，系统就创建一个空白文档，并在标题栏中显示名字"文档 1"，用户可直接在插入点后输入文字、符号、表格、图形等内容以建立一个新文档。

依样文录入文档，以文件名 W1.docx 保存在 D:\LX 下。

> 人要指挥计算机运行，就要使用计算机能"听懂"、能接受的 Language。这种 Language 按其发展程度，使用范围可以区分为机器 Language 与程序 Language（初级程序 Language 和高级程度 Language）。

② 文档的编辑。

把文档 W1.docx 中所有的"Language"全部替换为"语言"。具体操作：单击"开始"选项卡中的"替换"按钮，打开"查找和替换对话框"，在"查找内容"文本框中输入 Language，在"替换为"文本框中输入"语言"单击"确定"按钮。

③ 文档的保存。

处理完文档输入后选择"文件"选项卡的"保存"命令执行保存。若用户希望修改所保存文档的位置、类型或文件名等选项，可执行"文件"选项卡中的"另存为"命令，单击"浏览"按钮，再次打开"另存为"对话框。

（4）文档的格式化

打开 W1.docx 文档，进行格式化处理。先选定需要进行格式设置的文本，再进行以下操作：

①单击开始选项卡的"字体"列表，选择设置字体为"宋体"。

②单击开始选项卡的"字号"列表，将字号设置为"四号"。

③在开始选项卡中打开"段落"对话框，"对齐方式"设为"左对齐"，"缩进"中"特殊"设置为"首行缩进"为 2 字符，"行距"是"1.5 倍行距"。完成设置后单击快速访问工具栏中的"保存"按钮直接保存文档。

（5）表格处理

①表格的创建。

建立一个新文档，插入个三行三列的表格，内容如下，以文件名 W2.docx 保存在 D:\LX 下。

书　　名	作　　者	价　　格
计算机文化基础	张伟等	35
计算机导论	王强	29

具体操作步骤如下：

a．在 Word 中，单击"文件"选项卡上的"新建"命令，建立一个新空白文档。

b．单击"插入"选项卡中"表格"列表里的"插入表格"命令，在"插入表格"对话框中按要求设定好"行数"和"列数"，其他设置为默认，单击"确定"按钮。

c．在创建的表格中依样输入文本。

②表格的格式化。

操作步骤如下：

a．选定整张表格，单击"开始"选项卡中的"字体"功能组右下角对话框启动器按钮，打开"字体"对话框，在"中文字体"中选择"宋体"，字号设为"五号"。

b．选定整张表格，单击"表格工具"|"布局"选项卡，在"对齐方式"功能组中单击 9 个对齐方式按钮正中间的"水平居中"按钮，将单元格的水平对齐和垂直对齐方式都设置为居中。

c．将光标定位于单元格的垂直分隔线上，当鼠标指针变成双向箭头形状时，拖动鼠标把表格分隔线拖到适当的位置时即可定好该列的宽度，同理可完成行高设置。

d．表格编辑完成后单击快速访问工具栏中的"保存"按钮将文件以文件名 W2.docx 保存在 D:\LX 下。

6. 实验思考

①如何自定义功能区？

②如何使用 Word 2016 的多种粘贴方式？

2.1.4　课后实训

1. 实训名称

Word 文档基本操作。

2. 实训目的

掌握文档的建立、保存、编辑与排版操作；掌握简单表格的制作方法。

3．实训环境

①硬件环境：微型计算机。

②软件环境：Windows 10，Word 2016。

4．实训内容

①文档的创建、编辑及保存。

②文档的格式化。

③表格处理。

5．实训操作题

（1）LX1.docx 操作

输入下述文字，并命名为 LX1.docx，保存在 D:\CZLX 下。

> 　　目前，世界上对操作系统（Operating System，OS）还没有一个统一的定义。下面仅就操作系统的作用和功能做出说明。操作系统是最基本的系统软件，是硬件的第一级扩充，是计算机系统的核心控制软件，它是对计算机全部资源进行控制与管理的大型程序，它由许多具有控制和管理功能的子程序组成。主要作用是管理系统资源，这些资源包括中央处理机、主存储器、输入/输出设备、数据文件和网络等；使用用户能共享系统资源，并对资源的使用进行合理调度；提供输入/输出的便利，简化用户的输入/输出工作；规定用户的接口，以及发现并处理各种错误的发生。

对 LX1.docx 按以下要求排版。

①为文档加标题"操作系统定义"，并设置为黑体，三号，居中，字间距为 5 磅，并给标题文字加边框和底纹（自选）。

②将正文设置成"宋体 5 号字，首行缩进 2 字符"。

③将正文设为段前、段后均为"自动"，行距为 20 磅。

④将正文中的"输入输出"（除第一个外）都替换成 I/O。

参考排版结果如下：

> # 操 作 系 统 定 义
>
> 　　目前，世界上对操作系统（Operating System，OS）还没有一个统一的定义。下面仅就操作系统的作用和功能做出说明。操作系统是最基本的系统软件，是硬件的第一级扩充，是计算机系统的核心控制软件，它是对计算机全部资源进行控制与管理的大型程序，它由许多具有控制和管理功能的子程序组成。主要作用是管理系统资源，这些资源包括中央处理机、主存储器、输入/输出设备、数据文件和网络等；使用用户能共享系统资源，并对资源的使用进行合理调度；提供 I/O 的便利，简化用户的 I/O 工作；规定用户的接口，以及发现并处理各种错误的发生。

（2）LX2.docx 操作

打开文档 LX2.docx，按要求排版。

①将文中所有错词"款待"替换为"宽带"。

②将标题段文字设置为小三号、楷体、红色、加粗、居中，并添加黄色阴影边框。（应用范围为文字）

③将正文段落左右各缩进 1 cm，首行缩进 0.8 cm，行距为 1.5 倍行距。

参考排版结果如下：

宽带发展面临路径选择

　　近来，宽带投资热日渐升温，有一种说法认为，目前中国宽带热潮已经到来，如果发展符合规律，"中国有可能做到宽带革命第一"。但是很多专家认为，宽带接入存在瓶颈，内容提供少得可怜，仍然制约着宽带的推进和发展，其真正的赢利方以及不同运营商之间的利益分配比例，都有待于进一步的探讨和实践。

（3）LX3.docx 操作

打开文档 LX3.docx，按要求排版。

①设置页面纸型 A4，左右页边距 1.9 cm，上下页边距 3 cm。

②设置标题字体为黑体、小二号、蓝色、带下画线，标题居中。

③正文首行缩进 2 字符。

④把第三段置于第二段之前。

参考排版结果如下：

（4）LX4.docx 操作

打开文档 LX4.docx，按要求排版。

①将文中第二段的行间距设置为 3.1 倍行距。

②将最后一段中的"培训雇员"的字体设置为红色、加粗、斜体、加下画线的宋体。

③将文中的圆形项目编号换为四边形项目编号。

④将文中最后两段的字体设置为五号楷体，并加粗显示。

参考排版结果如下：

创业成功的六条原理

密歇根州立大学的一项研究，发现了六条指导创业成功的原理。

- 原理 1：反复构造图景
- 原理 2：抓住连续的机会成功
- 原理 3：放弃自主独断
- 原理 4：成为你竞争对手的噩梦
- 原理 5：培育创业精神
- 原理 6：靠团队配合而势不可挡

随着公司的发展和雇员人数的增多，一天接一天的日常工作会使人们看不到公司的主要目标。通过鼓励和协助团队合作，雇员把自己放在正确的努力方向上。需要不断剪裁调整团队，如规模、职责范围和它的组成等来适应眼下特定的情境。

把*培训雇员*的概念延展为横向培训。使雇员们熟悉公司、公司中其他人在做什么，这能够帮助雇员们看到他们在更大的情景中自己所适宜的地方。利用团队去减少扯皮，用团队去建立相互尊重，把团队建成一个人，给团队以反馈来证明你对团队的重视。

（5）表格操作

建立如下所示的表格，并将建立的表格存为 D：\LX\表格练习.docx。

	星期一	星期二	星期三	星期四	星期五
第一节	语文	外语	化学	计算机	数学
第二节	数学	数学	物理	自然	语文
第三节	计算机	美术	外语	语文	体育
第四节	体育	劳技	音乐	物理	地理
第五节	化学	语文	政治	数学	化学
第六节	自然	物理	历史	自修	政治

然后按以下要求进行操作：

① 将所有单元格的内容设置水平居中、垂直居中。

② 将第一行的文字（即星期一……）设置为黑体，四号。

③ 将第一列的文字（即第一节……）设置为幼圆，四号。

④ 将表格的底纹设置为黄色。

⑤ 将表格的外框线宽度设置为 1.5 磅，颜色为红色。

⑥ 在表格左边插入一列，进行表格单元格的合并，并输入"上午""下午"。

⑦ 表格居中。

最后生成表格如下：

		星期一	星期二	星期三	星期四	星期五
上午	第一节	语文	外语	化学	计算机	数学
	第二节	数学	数学	物理	自然	语文
	第三节	计算机	美术	外语	语文	体育
	第四节	体育	劳技	音乐	物理	地理
下午	第五节	化学	语文	政治	数学	化学
	第六节	自然	物理	历史	自修	政治

6．实训思考

①如何设置字符特殊效果？

②怎样实现文档的文字竖排？

③如何把两段文本合并成一段？

2.2 Word 2016 文档高级操作实验

2.2.1 实验介绍

通过本实验掌握图片、联机图片、自选图形、文本框、艺术字及公式对象编辑和排版；格式刷和样式表的使用等，了解 Word 的审阅功能。

2.2.2 知识点

1．插入图形文本

（1）插入艺术字

在 Word 2016 中可以创建出各种文字的艺术效果，单击"插入"|"文本"|"艺术字"，可以在弹出的列表中对艺术字的样式进行选择，如图 2-40 所示。插入艺术字后，会出现"绘图工具"工具栏，利用"绘图工具"可设置艺术字的样式、颜色、大小等。

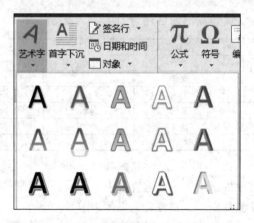

图 2-40 Word 2016 内置艺术字样式

（2）插入文本框

通过使用 Word 2016 文本框，用户可以将 Word 文本很方便地放置到 Word 2016 文档页面的指定位置，而不必受到段落格式、页面设置等因素的影响。单击"插入"|"文本"|"文本框"，可以在打开的文本框样式列表中选择要插入的文本框样式，如图 2-41 所示，选择"绘制横排文本框"和"绘制竖排文本框"命令，可以在文档任意位置绘制简单的文本框。

2．插入图形

在 Word 2016 中，为了使文档更加美观、生动，可以在其中插入图片对象。利用"插入"选项卡"插图"功能组中的"图片""联机图片""形状""SmartArt""图表""屏幕截图"，可在 Word 中插入多种形式的图形对象。

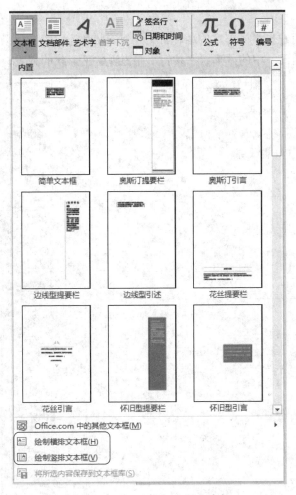

图 2-41 Word 2016 内置文本框

（1）插入图片

在 Word 可以从存储器中选择要插入的图片文件。单击"插入"｜"插图"中的"图片"按钮，会打开"插入图片"对话框，找到保存的图片文件，单击"插入"按钮即可在文档中插入图片。

（2）编辑图形对象

在文档中插入图片后，工具栏会出现"绘图工具"和"图片工具"，如图 2-42 所示，利用它们可对图片进行修饰，如调整图片大小、剪裁、改变图片对比度、亮度，以及文本的环绕排版方式等。

图 2-42 "图片工具"工具栏

（3）插入联机图片

如果用户的计算机连接在互联网上，Word 2016 可以通过"插入"｜"插图"中的"联机图片"按钮打开"联机图片"对话框，直接到互联网上搜索需要的图片，如图 2-43 所示。

（4）插入形状

Word 2016 中为用户提供了丰富的各种常见几何形状和连接符，可以制作各种用途的流程图。单击"插入"|"插图"中的"形状"按钮，将出现常见形状的列表，如图 2-44 所示。

图 2-43　"联机图片"对话框　　　　图 2-44　Word 提供的常见形状

（5）插入 SmartArt 图形

Word 提供的 SmartArt 功能，可以帮助用户简单快捷地制作出精美的文档。让文档中的层次结构、演示流程、循环或关系更加清楚直观。单击"插入"|"插图"中的 SmartArt 按钮，会打开"选择 SmartArt 图形"对话框，如图 2-45 所示，在左边的列表中间选择分类，在中间的列表中选择需要的图形，单击"确定"按钮即可插入选择的 SmartArt 图形。

（6）插入屏幕截图

Office 2016 系统内置了一个"抓图工具"的组件，可以部分替换第三方的截屏工具，使用户能直接完成窗口截屏操作。单击"插入"|"插图"中的"屏幕截图"按钮，会显示当前所有活动窗口的列表，如图 2-46 所示，单击其中的某个图像，该窗口的截图就会出现在文档中。

3．插入公式

在编辑一些资料的时候往往需要输入一些公式符号，Word 2016 提供了相应的公式输入功能，可让用户轻松完成各种公式的输入，要注意此公式与表格中的公式不同，此公式只是用来显示公式，不具有计算功能。单击"插入"|"符号"中的"公式"按钮，文档中会出现一个"在

此处键入公式"的输入框，同时工具栏会出现"公式工具"，如图 2-47 所示，利用公式工具就可以在输入框中创建各种公式。

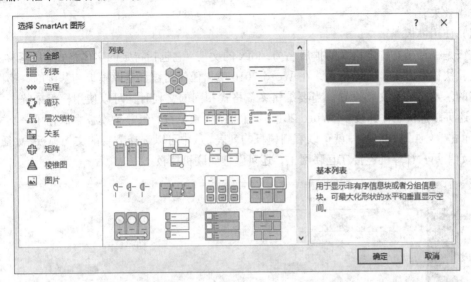

图 2-45　"选择 SmartArt 图形"对话框

图 2-46　"屏幕截图"列表

图 2-47　"公式工具"工具栏

4．模板和样式的使用

为了帮助用户提高文档的编辑效率，创建有特殊效果的文档，Word 2016 提供了一些高级格式设置功能来优化文档的格式编排，如可以应用模板对文档进行快速的格式应用，可以利用"样式"任务窗格创建、查看、选择、应用甚至清除文本中的格式，还可以利用特殊的排版方式设置文档效果。

（1）使用模板

模板是一种带有特定格式的扩展名为.dotx 的文档，它包括特定的字体格式、段落样式、页面设置、快捷键方案、宏等格式。在 Word 2016 中，任何文档都是以模板为基础的，模板决定了文档的基本结构和文档设置。当要编辑多篇格式相同的文档时，可以使用模板来统一文档的风格，还可以加快工作速度。 Word 2016 中自带了大量模板，每一种模板中保存了一类文档的格式。单击"文件"|"新建"，就可以看到模板的列表，从中可以选择需要的文档模板，如图 2-48 所示。如果用户计算机连接在互联网上，还可以搜索联机模板。

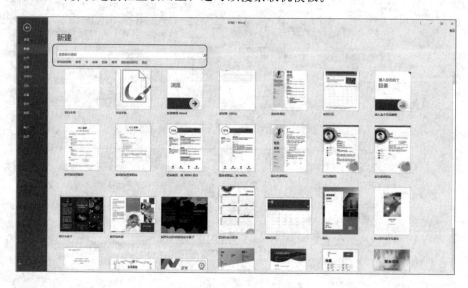

图 2-48 "新建"窗口

（2）使用样式

所谓"样式"，就是应用于文档中的文本、表格和列表的一套格式特征（可以说是一种格式的组合，是预先排版好的格式的储备），它能迅速改变文档的外观。当 Word 提供的内置样式有部分格式定义和需要应用的格式组合不相符时，还可以修改该样式，甚至可以重新定义样式，以创建规定格式的文档。利用"开始"选项卡中的"样式"功能组可以对基本样式进行快捷设置。

5．特殊排版方式

一般报刊杂志都需要创建带有特殊效果的文档，这就需要使用一些特殊的排版方式。Word 2016 提供了多种特殊的排版方式，如首字下沉、中文版式、分栏排版等。

（1）首字下沉

首字下沉是报刊杂志中较为常用的一种文本修饰方式，使用该方式可以很好地改善文档的外观。在 Word 2016 中，首字下沉共有两种不同的方式，一个是普通的下沉，另外一个是悬挂下沉。

要设置首字下沉，可以单击"插入"|"文本"中的"首字下沉"按钮，打开首字下沉列表，

选择列表底部的"首字下沉选项"命令可以打开"首字下沉"对话框，如图 2-49 所示，按版面需求设置各选项后单击"确定"按钮即可。

（2）使用中文版式

为了使 Word 2016 更符合中国人的使用习惯，开发人员还特意增加了中文版式的功能，用户可在文档内添加 "纵横混排""合并字符""双行合一"等效果。

①纵横混排。

在文档中选中要混排的文字，选择"开始"|"段落"→"中文版式""纵横混排"，在打开的对话框中根据自己的需要进行相应设置。

②合并字符。

图 2-49　"首字下沉"对话框

合并字符功能可以把几个字符集中到一个字符的位置上。输入要合并的字符（也可以不用输，在后面输），单击"开始"|"段落"|"中文版式""合并字符"，在"文字"文本框中输入要合并的文字，单击"确定"按钮，在文档中就可以看到设置的效果了；如果不想合并了，把光标定位在这里，打开"合并字符"对话框，单击"删除"按钮，文档中的合并字符效果就消失了。

③双行合一。

选中要合并的文字，选择"开始"|"段落"|"中文版式""双行合一"，选定的文字已经出现在了"文字"文本框中，从"预览"窗中可以看到效果，单击"确定"按钮，文档中的这些文字就变成了一行的高度中显示两行的样子；如果要取消双行合一效果，还是把光标定位到这个双行合一处，打开"双行合一"对话框，单击"删除"按钮就可以了。如果想要"双行合一"后的文字带上括号，可以选中"带括号"复选框。

（3）分栏排版

在阅读报刊杂志时，常常发现许多页面被分成多个栏目。这些栏目有的是等宽的，有的是不等宽的，从而使得整个页面布局显示更加错落有致，更易于阅读。Word 2016 具有分栏功能，可以把每一栏都作为一节对待，这样就可以对每一栏单独进行格式化和版面设计。

要给文档设置分栏，单击"布局"|"页面设置"中的"分栏"按钮，可以看到分栏列表，选择列表底部的"更多分栏"命令，可以打开"栏"对话框，如图 2-50 所示，按版面的要求，设置好"栏数""宽度""间距"，选择整篇文档还是插入点之后，再单击"确定"按钮即可实现分栏。

（4）使用格式刷

格式刷就是"刷"格式用的，也就是复制格式用的。在 Word 中格式同文字一样是可以复制的：选中要复制格式的文字，单击"开始"|"剪贴板"中的"格式刷"按钮，鼠标指针就变成了一个小刷子的形状，用这把刷子"刷"过的文字的格式就变得和选中的文字一样了。

可以直接复制整个段落和文字的所有格式。把光标定位在段落中，单击"格式刷"按钮，鼠标指针变成一个小刷子的样子，然后选中另一段，该段的格式就和前一段的一模一样了。

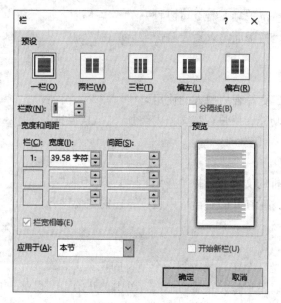

图 2-50 "栏"对话框

刷了一次格式之后，鼠标指针就会变回原来的样子，如果希望多次复制格式，可以在选定文字后双击"格式刷"，这样就可以多次刷格式，如果要取消刷格式的状态，按【Esc】键即可。

6. Word 2016 审阅功能

审阅是 Office 中的重要功能，用于帮助用户进行拼写检查、批注、翻译、修订等重要工作。审阅功能包含校对、语言、中文简繁转换、批注、修订、更改、比较和保护模块。

（1）校对功能的使用

①拼写和语法检查。

Word 2016 提供了拼写和语法检查器，可以帮助用户检查并修改文档中的拼写和语法错误。Word 根据标准词典进行检查，如果遇到不能识别的单词时，就在单词下面用红色波浪线标记。如果发现语法错误，就用绿色波浪线标记。要实现这个功能，应单击"审阅"|"校对"中的"拼写和语法"按钮。

②信息检索。

用户可以利用 Word 2016 的"信息检索"功能从不同的检索资源查找相关资料。例如，用户在编辑文档是碰到不熟悉的文字或单词，就可以使用"信息检索"功能从 Office 2016 中安装的字典工具或网络上的资料查询该文字或单词的解释。要实现其功能，按住【Alt】键的同时单击需检索的文字，窗口右侧将会出现"信息检索"窗口。

③统计字数。

Word 2016 在用户编辑文档时，自动统计当前文档的字符数，并显示在"状态栏"的左下方。如想要知道当前文档行数、段落数等详细信息，可以单击"审阅"|"校对"中的"字数统计"按钮。

（2）语言设置及翻译

Word 2016 支持多种语言格式的输入，选择完文档使用语言后，还可以在 Word 中选择针对该种语言的输入法。选择"审阅"|"语言"|"语言"|"语言首选项"，在打开的对话框中进行相应设置。

（3）批注

在编辑 Word 文档时，若要将文档中的某些文字或对象作特别的标注与说明，就可以使用 Word 2016 提供的批注功能。当选中需要标注的目标对象后，单击"审阅"｜"批注"中的"新建批注"按钮，就会出现批注编辑状态。

（4）文档的修订

有时在审阅别人的文档时，需要对该文档进行修改并保留修改痕迹，以便他人参考，这时可以用到 Word 2016 提供的"修订"功能。单击"审阅"｜"修订"中的"修订"按钮，将进入文档的修订模式，此时对该文档的修改痕迹将被保留并标注出来。

2.2.3　课内实验

1．实验名称

Word 文档高级操作。

2．实验环境

①硬件环境：微型计算机。

②软件环境：Windows 10、Word 2016。

3．实验目的

掌握 Word 2016 的图形对象操作、图形文本的操作，特殊排版方式及公式的插入。

4．实验内容

文档的图文混排。

5．实验步骤

（1）操作要求

①打开文档 YW1.docx，按照"样文"（即该文档的最终编排效果，见图 2-51），插入图片并设置文本格式。

②插入艺术字 "贝多芬年祭"作为标题，艺术字样式为第二行第一种效果；环绕文字为"四周型"。

③设置第一句"一百年前"隶书、小四、红色。

④插入指定目录下的图片："贝多芬"和"piano"，将其拖动到文档中间，环绕文字为"四周型"。

⑤添加页眉："音乐家的故事"，插入页码。

⑥给最后一段文字添加 10%的底纹样式，文字倾斜并加边框。

⑦插入公式，如样文所示。

（2）操作步骤

①打开文档 YW1.docx。

②制作艺术字。

使用"插入"选项卡的"艺术字"命令，打开"快速样式"对话框，单击艺术字符的第二行第一种后，打开"艺术字"编辑框，在"编辑框"中输入"贝多芬年祭"。

单击选中艺术字，在"绘图工具"｜"排列"功能组中设置环绕文字为"四周型"。

③设置第一句"一百年前"隶书、小四、红色。

选择第一句"一百年前",在"开始"选项卡的"字体"列表框中选择"隶书",字号设为"小四",字体颜色设为"红色"。

音乐家的故事 1

贝多芬年祭

一百年前,一位已响乐队演奏自己的倔强的单身老人最哮的天空,然后逝一直那样地唐突神灵,的化身;他甚至在街上从时也总不免把帽子向他们正中间大踏步地直究尤甚于田间的稻草被当做流浪汉给抓了起穿得这样破破烂烂的人更不能相信这副躯体竟奔腾澎湃的灵魂。他的果我使用了最伟大的这德尔的灵魂还要伟大,我;而且谁又能自负为呢?但是说贝多芬的灵没有一点问题。他的狂己能很容易控制住,可制,他狂呼和大笑的滑

聋得听不见大型交乐曲的五十七岁的后一次举拳向着呴去了,还是和他生前蔑视天地。他是反抗性遇上一位大公和他的随下按得紧紧地,然后从穿而过。他穿衣服不讲人;事实上有一次他竟来,因为警察不肯相信竟会是一位大作曲家,能容得下纯音响世界最灵魂是伟大的;但是如种字眼,那就是说比汉贝多芬自己就会责怪灵魂比巴哈的还伟大魂是最奔腾澎湃的那可风怒涛一般的力量他自是常常并不愿意去控稽诙谐之处在别的作曲

家作品里都找不到的。毛头小伙子们现在一提起切分音就好像是一种使音乐节奏成为最强有力的新方法;但是听过贝多芬 的第三里昂诺拉前奏曲之后,最狂热的爵士乐听起来也像"少女的祈 祷"那样温和了,可以肯定地说我听过的任何集体狂欢都不会像贝 多芬的第七交响乐最后的乐章那样可以引起舞蹈家拼了命地跳下 去,而也没有另外哪能一个作曲家可以先以他的乐曲的阴柔之美使 得听众完全溶化在缠绵悱恻的境界里,而后突然以铜号的猛烈声音 吹向他们,带着嘲讽似的使他们觉得自己是真"傻"。

……这样奔腾澎湃,这种有意的散乱无章,这种嘲讽,这样无顾忌的骄纵的不理睬传统的风尚——这些就是使得贝多芬不同于十七和十八世纪谨守法度的其他音乐天才的地方。他是造成法国革命的精神风暴中的一个巨浪。

$$s = \frac{a^2 - b^2}{\sqrt{3}} + \sum_{1}^{100}(x^2 + y^2)$$

图 2-51　YW1.docx 样文

④插入图片"贝多芬"和 piano。

使用"插入"选项卡的"图片"命令,打开"插入图片"对话框,找到图片目录为当前目录,先后选择图片文件"贝多芬"和 piano,单击"插入"按钮退出。单击图片,在"图片工具"|"排列"功能组中设置环绕文字为"四周型"。

⑤添加页眉："音乐家的故事"，插入页码。

使用"插入"选项卡中的"页眉"命令，在出现的虚线框中输入"音乐家的故事"，在"页眉页脚工具"选项卡中进行相应设置。使用"插入"选项卡中的"页码"插入页码，然后关闭"页眉和页脚"工具栏。

⑥给最后一段文字添加10%的底纹，文字倾斜并加边框。

选中最后一段，单击"开始"|"字体"功能组的"倾斜"按钮，使文字倾斜。

使用"段落"|"边框"|"边框和底纹"，打开"边框和底纹"对话框，在"边框"选项卡中单击选中"边框"按钮，在"应用于"下拉列表框中选择"文字"；在"底纹"选项卡中选择图案为"样式：10%"，单击"确定"按钮退出。

⑦插入公式如样文所示。

使用"插入"|"符号"|"公式"，插入例文中公式。

6. 实验思考

①如何设置水印背景？

②怎样添加脚注和尾注？

2.2.4 课后实训

1. 实训名称

Word 文档高级操作。

2. 实训目的

掌握 Word 2016 的图形对象操作、图形文本的操作，特殊排版方式及公式的插入。

3. 实训环境

(1) 硬件环境：微型计算机。

(2) 软件环境：Windows 10 、Word 2016。

4. 实训内容

①文档的图文混排。

②表格的计算。

③表格与文本之间的转换。

④文档的特殊排版。

5. 实训操作题

(1) LX5.docx 操作

打开文档 LX5.docx，参照样文（即该文档的最终编排效果，见图 2-52），插入图片并设置文本格式。

①第一段格式（标题）:宋体、四号、蓝色、加粗、倾斜、居中。

②插入表格：两行两列。

将第二段文字置于表格第一行第二列，仿宋、五号、RGB 分别为 192，首行缩进 2 字符。底纹颜色为蓝色；

将第三段文字置于表格第二行第二列，隶书、小四、RGB 分别为 192，首行缩进 2 字符。底纹颜色为绿色。

③插入图片：指定目录下的"显示器""显卡"图形文件。分别置于表格第一列的上单元格和下单元格。第一列底纹颜色为"白色，背景1，深色25%"。

显卡+显示器

	显示器是计算机硬件中贬值最慢，也最值得投入资金的一个。目前，显示器DIY的趋势是尺寸越来越大，品牌越来越响。高档17″显示器多在4000元以上，不能考虑；低档17″显示器性能一般，色彩还不如名牌15″显示器好，同时，它又属于高档产品，不宜考虑。由于中档产品和低档产品的差价不大，我决定从性价比的角度出发选择国外名牌产品（中档产品）。在国外品牌中，我一直非常欣赏美格MAG，我个人认为MAG XJ500T是目前所有15″显示器中最好的，可惜它近乎高档产品的价格（2280）实在令我无法问津。因此，我选择MAG XJ530T，东芝的显像管，1780元，比Philips 105A贵100多元，但使用起来感觉舒服多了，色彩极为艳丽。这里，显示器的品牌选择我是纯凭个人感觉了，其他DIY爱好者观点可能与我不同。
	对于显卡我一向只注意其2D性能，对3D则不太关心。这首先是由于我个人不太爱玩纯3D动作游戏，同时，我觉得目前所见到的诸如Quake、古墓丽影之类3D游戏还没有充分利用第二代显示芯片（如Rival28）的3D加速能力，过分看重显卡的3D性能只是花钱买来了将来可能用到的功能而已。而无论是玩游戏还是图形处理，2D性能的优劣才是我们大家所接触最多的。由于显示器选了MAG，显卡的RAMDAC要高一点儿；至于显存嘛，4MB SGRAM足已。基于高2D性能、高RAMDAC的标准，我选择了耕宇S3 Trio3D，4MB SGRAM，AGP。它具有128位2D总线，2D性能决不亚于Rival128，板上集成230MHz的RAMDAC，可充分满足MAG显示器的需要。由于CPU选择了浮点性能较强的Celeron 300A，配合ST3D提供的3D性能也能满足一般3D游戏的要求。更重要的是它只有230元，应该属于低档产品中的超值产品，性价比及保值性均极佳，再加上耕宇公司一贯的精良作风，我确信它是在Rival128降到300元之前的最佳显示选择。

图 2-52　LX5.docx 样文

（2）LX6.docx 操作

打开文档 LX6.docx，参照样文（即该文档的最终编排效果，见图 2-53），插入图片并设置文本格式。

①设置标题文字格式：插入艺术字，居中对齐。

②设置正文文字格式：楷体、小四、紫色、第四段的"段前"和"段后"为"自动"。

③将各段设置首行缩进：2 字符。

④按照样文插入图片：给定图片（跳舞）；设置环绕文字"紧密型环绕"，居中对齐。

婚礼序曲

管弦乐曲，是莫扎特为四幕同名喜剧纳宫廷剧场首次演出。该剧大意是：伯爵的使女苏姗娜，而当纯洁善良的苏姗娜勇敢地排除了伯爵设置的重重障碍，费加罗圆满地举行了婚礼。歌剧首反映强烈，从此成为音乐史上的杰乐风格与喜歌剧十分融洽一音乐会曲目单独演奏。

所作的序曲，于 1786 年 5 月 1 日在维也阿尔马维华极轻浮地觊觎着夫人罗西娜与男仆即将举行婚礼之际，费加罗机智使无耻的伯爵当众出丑，苏珊娜与演当年就重演了八次，观（听）众出作品之一。本序曲的总气氛和音致，有着内在的联系，常作为

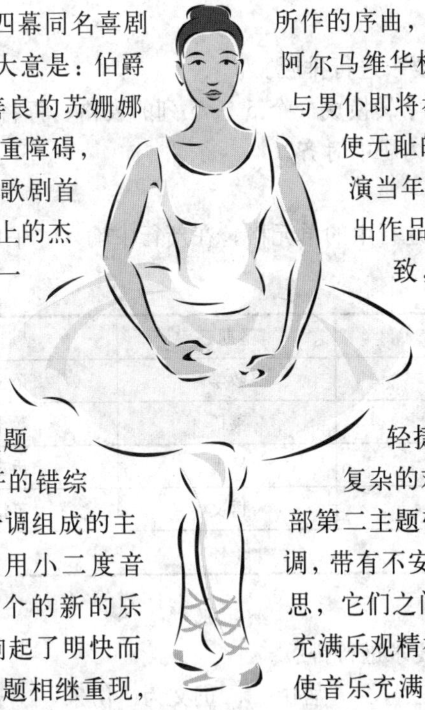

乐曲采用无开展部的据说莫扎特曾表明，不论越好）。弦乐齐奏的第一主题色彩，仿佛预示着即将展开的错综

奏鸣曲式，D 大调，急板。快到什么程度都可以（越快轻捷而明朗，充满了幽默诙谐的复杂的戏剧性变化。

接着由明亮的号角性音调组成的主有对比性的副部主题则采用小二度音发展变化涌现出一个接一个的新的乐在呈示部的结束处又响起了明快而再现部中，呈示部的主题相继重现，欣鼓舞的气氛中结束（演奏时间约 4 分钟）。

部第二主题带有浓厚的乐观情绪。而具调，带有不安定的紧张情绪，这个主题的思，它们之间的对比鲜明而流畅。充满乐观精神的乐句。使音乐充满了欢快情绪，最后全曲在欢

图 2-53　LX6.docx 样文

（3）表格操作

建一表格，如下表，并完成下列操作：

成绩单

学号	姓名	英语	高等数学	计算机基础
1001	林玲	76	82	93
1002	王军	65	72	85
1003	陈平	81	91	72

①将标题设为二号黑体，居中，字间距为 0.5 字符。

②把表格标题栏设为小四黑体居中，其他单元格内容为小四宋体居中。

③在最后一列后再插入一列，列标题为"总成绩"，利用函数计算出总成绩。

④整个表格居中。

参考操作结果如下：

成绩单

学号	姓名	英语	高等数学	计算机基础	总成绩
1001	林 玲	76	82	93	251
1002	王 军	65	72	85	222
1003	陈 平	81	91	72	244

（4）LX7.docx 操作

打开文档 LX7.docx，按要求进行排版。

①将素材所提供的 5 行文字转换成一个 5 行 5 列的表格，再将单元格文字垂直对齐方式设置为底端对齐、水平对齐方式为居中对齐。

②将整个表格居中对齐。

表格最后插入一行，合并这行中的单元格，在新行中输入"午休"，并居中。

参考操作结果如下：

星期一	星期二	星期三	星期四	星期五
数学	英语	数学	语文	英语
英语	数学	英语	数学	语文
手工	体育	地理	历史	体育
语文	常识	语文	英语	数学
午休				

（5）LX8.docx 操作

打开文档 LX8.docx，按要求进行排版。

①标题设置为"黑体""三号""居中"，正文为"仿宋""五号"。

②将正文第一段的首行缩进 2 字符。

③把文章中的所有"龙卷风"三个字都加上双引号。

④将全文行距设置为固定值"20 磅"。

⑤将正文第一段中出现的"陆龙卷""海龙卷"6 个字的颜色设置成"红色"，字形加粗。

⑥将正文的第一段分成栏宽相等的三栏，栏宽为 12 字符，且加上分隔线。

⑦在文章合适位置插入一幅图片，图片来自"联机图片"搜索"龙卷风"的结果，并设置图片高度为 6 cm，环绕文字为"紧密型环绕"。

参考操作结果如下：

谈谈"龙卷风"

"龙卷风",又叫龙卷,是一种自积雨云底部下垂的漏斗状云盈其所伴随的非常猛烈的气旋性(低压)风暴。在它的中心附近有强烈的上曳气流,具有很强的吸吸作用,当漏斗云伸到陆地表面时,可把大量沙尘吸到空中形成尘柱,称陆龙卷;当它伸到海面时,能吸起高大水柱,称海龙卷。它的出现很突然,在很短的时间内便能形成巨大的破坏力,把很重的物体如树木、汽车、铁路、轮船及建筑物抛起、掀翻甚至摧毁,是自然界最具破坏性的现象之一。

"龙卷风"就像地震一样是无法准确预测的。很久以来,它像"幽灵"一样神秘莫测。近年来,由于一些研究人员勇敢并执着地冲进这块"幽灵"的腹地,因此它的特性、形成以及爆发的机理被逐渐揭示出来。了解它的产生和变化可以帮助人们在将来预测"龙卷风"。就世界范围而言,"龙卷风"主要发生在中纬度(20—50)地区。美国是受"龙卷风"侵害最多的国家。在我国,1967年 3 月 26 日,中国上海地区出现一次强"龙卷风",毁坏房屋 1 万多间,22 座可承受两倍于 12 级大风风力的高压电线铁塔被拔起或扭折。长期以来,由于"龙卷风"产生得十分突然,而同时对它进行观察又十分困难和危险,故对这种灾害程度的估计只是基于它所造成的损失上。

(6) LX9.docx 操作

打开文档 LX9.docx,按要求进行排版。

①将标题段居中对齐,字体设为"黑体",字号设为"小三""加粗""居中",其余文字字体均为"宋体",字号为"小四",调整各段落的首行缩进为 2 字符。

②将整篇文档的行距设为"1.5 倍行距"。

③将正文第二段最后的 4 个字改为"无所不在"。

④将正文第一段的最后一句话移至文章最后,作为正文第四段。

⑤在正文第一段最后的"就是人类的自然环境。"前去逗号,加破折号。

⑥在文档中合适位置插入一幅图片,并设置图片高度为 5 cm,环绕文字为"四周型"。

参考操作结果如下:

自然环境与人的关系

人类生活在地球表面，这里包含一切生命体生存、发展、繁殖所必需的种种优越条件：新鲜而洁净的空气、丰富的水源肥沃的土壤、充足的阳光、适宜的气候以及其他各种自然资源。这些环绕在人类周围自然界中的各种因素，如水、空气土壤、岩石、植物、动物、阳光等综合起来——就是人类的自然环境。

当人类处于原始社会 时，由于生产力极其落后，人类对于自然环境只能处 于被动的适应状态，对自然界的改造力量很微弱。人类 对自然环境真正产生影响，主要是有文明史以来的几 千年时间：尤其是资本主义工业革命以来的 200 多年。 20 世纪以来，科学技术突飞猛进，工业发展的速度大 大超越以往任何历史时期。人类从开垦荒地、采伐森 林、兴修水利，到开采矿藏、兴建城市、发展工业，创造 了丰富的物质财富和灿烂

的文化。现在人类的足迹上及太空，下至海洋，可以说是无所不在。

然而，人与自然环境是相互依存、相互影响、对立统一的整体。人类对环境的改造能力越强大，自然环境对人类的反作用也越大；于是在人类改造环境的同时，人类的生活环境随之发生了变化；环境问题就是这种反作用引起的必然后果。当人类向自然界索取的物质日益增多，抛向自然环境的废弃物与日俱增，一旦达到大自然无法容忍的程度时，大自然在漫长岁月里建立的平衡就遭到了破坏，这就是近 100 年来在全球范围内环境问题日益突出的根本原因。

自然环境是人类和其他一切生命赖以生存和发展的基础。

6. 实训思考

①如何设置下沉三行的首字下沉？
②如何插入 SmartArt 图形？

2.3 Excel 2016 基本操作实验

Excel 2016 是微软公司出品的 Office 2016 系列办公软件中的一个组件，确切地说，它是一个电子表格软件，可以用来制作电子表格，完成许多复杂的数据运算，进行数据的分析和预测并且具有强大的制作图表的功能；除此之外，它还具有丰富的模板资源、高安全性的工作表以及更加简便实用的函数和数据库管理能力，从而帮用户做出更明智的决策。具体来说，Excel 2016 主要有以下几方面的特色：

① 更多的 Office 主题。Excel 2016 的主题不再是单调的灰白色，有更多主题颜色供用户选择。

② 新增 TellMe 功能。现在可以通过"告诉我你想做什么"功能快速检索 Excel 功能按钮，用户不用再到选项卡中寻找某个命令的具体位置了。

③ 增加新的图表。新的图表和图形有助于以极具吸引力的方式呈现数据，并且使用格式、迷你图和表格更好地理解用户的数据。

④ 新增的预测功能。数据选项卡中新增了预测功能，只需单击即可轻松创建预测并预测趋势。

⑤ 改进透视表的功能。透视字段列表新增了搜索功能，使得在数据源字段数量较多时也能轻松查找某些字段。

2.3.1　实验介绍

本次实验主要是掌握 Excel 2016 中的基本概念，并完成相关的基本操作，包括：工作表中各种类型数据的输入；工作表的编辑与格式化处理；一些简单的公式和函数的使用。

2.3.2　知识点

1. Excel 2016 的启动及窗口组成

（1）启动

方法一：单击"开始"按钮，打开"开始"菜单，在应用程序列表中找到字母 E 开头的软件，单击其中的 Excel。

方法二：双击桌面的 Excel 2016 图标。

（2）退出

方法一：单击窗口右上角的"关闭"按钮。

方法二：按【Alt+F4】组合键。

（3）窗口组成（见图 2-54）

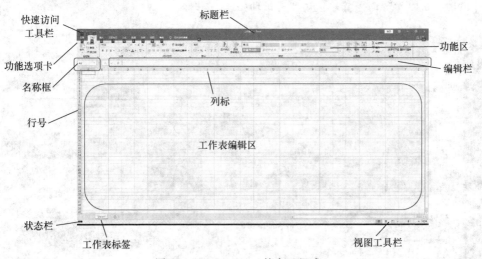

图 2-54　Excel 2016 的窗口组成

① 工作簿、工作表：一个工作簿就是一个电子表格文件，Excel 2016 的文件扩展名为 .xlsx。工作表是 Excel 最主要的存放数据信息的场所，位于窗口的中央区域，由行号、列标和网格线组成。窗口下面的标签栏上标有 Sheet1，表示有一张工作表。白底的工作表名称为当前工作表。

单击工作表名称可选择工作表。若干张工作表组成一个工作簿，默认为一个。

②单元格、单元格地址与活动单元格：每一行和每一列交叉处的矩形区域称为单元格，单元格为 Excel 操作的最小对象。单元格所在行列的列标和行号形成单元格地址，就是单元格的名称，如 A1 单元格、C3 单元格……在工作表中将鼠标光标指向某个单元格然后单击，该单元格被粗绿框标出，称为活动单元格，活动单元格是当前可以操作的单元格。

③单元格区域：若干连续的组成矩形形状的单元格称为单元格区域。

2. 创建工作簿及基本操作

（1）创建工作簿

创建一个工作簿，并将工作簿命名为 lianxi.xlsx，保存到 D 盘。操作方法如下：

①执行"开始"菜单的 Excel 命令，或双击桌面上的 Excel 2016 快捷图标，新建一个默认名为"工作簿 1"的空白工作簿。

②单击"快速访问工具栏"中的"保存"按钮 或选择"文件"选项卡的"保存"命令，在"另存为"对话框中单击"浏览"按钮打开"另存为"对话框，默认的"保存位置"为"文档"文件夹，在左侧的列表中选择"此电脑"→"D："，在"文件名"文本框中输入工作簿的名字 lianxi。

③单击"保存"按钮，保存工作簿，保存后退出 Excel。

另外，启动 Excel 2016 后，选择"文件"|"新建"命令可以根据需要创建一个新工作簿。

①创建空白工作簿。在新建列表中，单击"空白工作簿"按钮创建一个新的工作簿。也可在 Excel 窗口通过按【Ctrl+N】组合键，创建一个新的空白工作簿。此外，如果在"快速访问工具栏"中添加了"新建"按钮，直接单击此按钮也可以创建一个新的空白工作簿。

②基于样本模板创建新工作簿。打开新建窗口，可以看到 Excel 2016 提供的工作簿模板，如图 2-55 所示，在列表中单击需要的模板，则可利用该模板创建一个新的工作簿。若需要更多工作簿模板，可以在"搜索联机模板"框中搜索。

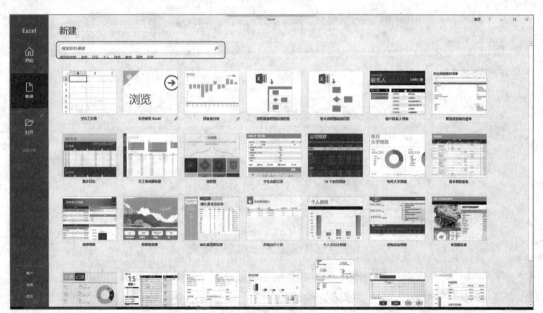

图 2-55 "新建"窗口

（2）工作簿窗口的基本操作

打开"此电脑"→"D："，双击 lianxi.xlsx 工作簿的图标。此时，启动 Excel 2016 的同时打开了 lianxi.xlsx 工作簿。

下面来认识并熟悉 Excel 2016 的窗口组成：

①一般的工作簿中包含有一个默认的工作表，窗口左下角显示工作表的标签名称为 Sheet1，该标签会呈高亮显示，表明该工作表为当前工作表（或活动工作表）。

②依次单击功能选项卡中的各个选项卡，了解 Excel 的各种命令按钮。

③编辑栏的使用。将插入点定位在任意单元格，输入一些字符，然后单击编辑栏中的"取消"按钮 ✗，或按【Esc】键，单元格中的内容被清除；再将插入点定位在任意单元格，输入一些字符，然后单击编辑栏中的"输入"按钮 ✔，或按【Enter】键，则单元格中保留了所输入的内容。

④关闭当前工作簿。选择"文件"│"关闭"命令，关闭当前工作簿。

3. Excel 2016 的数据输入

（1）数据类型

数值：123；−256.34；1.223E+15。

文字：A101；地址；'123。

日期和时间：2016−3−30；2016/3/30；10:15:00；2:00 PM。

公式：=A1+SUM（A6:A12）。

（2）数据输入

①数值的输入。

在 Excel 中，数值类型的数据默认右对齐，只可以为下列字符：0 1 2 3 4 5 6 7 8 9 + −（ ），／ $ % . E e。

输入数值类型的数据约定如下：

a．如果在数字的前面以加号"+"开头，将删除加号。

b．如果在数字前面以减号"−"开头，如−40，或者为数字添加括号，如（40），数字将被当作负数。

c．可以使用逗号来分隔百位和千位、十万位和百万位等。

d．可以直接用小数点表示小数。

e．如果要输入分数，必须用"0+空格+分数"来表示，如要输入 5/7，在单元格中必须输入"0 5/7"。如果要表示带分数，则整数和分数之间用空格分隔，如"11 5/7"。

f．当输入的数字太大或太小时，单元格中的数据会自动用科学记数法表示，并根据单元格的宽度对数值四舍五入后显示相应的位数。

②文本的输入。

a．文本类型的数据包含数字、字母、符号和文字等。

b．默认状态下，文本型数据左对齐单元格。

c．当输入文本型的数字时，为了区别数值型的数据，应在数字前加一个西文单引号"'"，例如"'10005"。输入完毕后，输入的"'"不出现在单元格中。

③日期/时间类型的输入。

a．Excel 内置了一些日期和时间的格式。当单元格中输入的数据与这些格式相匹配时，Excel

将它们识别为日期/时间值，并按照预置的格式显示这些数据。

b．如果只用数字表示日期，可以使用分隔符"–"或"/"来分隔年、月、日。例如，2016/03/23、2016–4–1 等。

c．在同一个单元格中允许同时输入日期和时间，但必须在它们之间输入空格，如 2016/4/16 3：13 PM。

d．输入当前日期可按【Ctrl+；】组合键，输入当前时间可按【Ctrl+Shift+；】组合键。

e．时间/日期类型的数据可以参加运算。

f．Excel 内部以天为单位，将输入的日期/时间值转换为从 1 开始的数字。

g．序列数 1 表示的基准日期是 1900 年 1 月 1 日。一天的时间用小数表示，如中午 12：00 用 0.5 表示。例如，2016 年 3 月 2 日下午 2：35，用序列数表示为 42431.6076388889。

h．通过序列数表示日期/时间，Excel 就可以进行复杂的日期/时间运算。

④自动填充数据。

a．在需要连续输入数据的单元格区域中选择第一个单元格，然后输入起始数据（此处输入数字 1）。要输入相同数据，用户只需将光标移至该单元格右下角"填充柄"，待光标变成"+"形状时（见图 2–56），按住左键拖动至单元格区域的最后一个单元格，然后松开鼠标左键即可。

b．要输入等差数列：输入前两个数，选中该两个单元格，指向第二个单元格右下角的自动填充柄，拖动填充柄到结束；要输入等比数列：输入第一个数选中包含该数的区域，选择"开始"|"编辑"|"填充"|"序列"，打开"序列"对话框，如图 2–57 所示，通过该对话框设置填充序列。

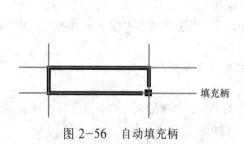

图 2–56　自动填充柄

图 2–57　"序列"对话框

c．输入系统提供的序列数据，例如，甲、乙、丙……；一月、二月、三月……；星期一、星期二……方法：输入一个数据，利用自动填充柄拖动到结束填充。

4．编辑工作表

编辑工作表主要是对工作表进行添加、删除、移动与复制等操作。

（1）选定工作表

要对工作表进行操作，首先要选择它，使它成为当前工作表。直接单击位于工作表窗口底部该工作表的选项卡，就可以选定该工作表。按住【Ctrl】键不放，单击多张工作表名字，可同时选定它们为当前工作表。

（2）工作表改名

双击工作表标签，如 Sheet1，选项卡呈现灰底状态，输入新的工作表名如"学生成绩表"，输完后按【Enter】键。

（3）添加新的工作表

单击工作表标签区域右侧的"　⊕　"按钮，可在当前工作表后插入一张新工作表；选择"开始"|"单元格"|"插入"|"插入工作表"命令，可在当前工作表之前插入一张新的工作表。

（4）删除工作表

选定需要删除的工作表，使其成为当前工作表，然后选择"开始"|"单元格"|"删除"|"删除工作表"命令，即可删除选定的工作表。

（5）移动或复制工作表

选定要移动的工作表标签，然后用鼠标拖动工作表标签至目标位置，松开鼠标即可。选定工作表标签，按住【Ctrl】键的同时，用鼠标拖动工作表标签至目标位置，即可复制工作表；在工作表标签上右击，在弹出的快捷菜单中选择"移动或复制"命令，打开"移动或复制工作表"对话框，如图 2-58 所示，利用该对话框不但可以在当前工作簿中移动工作表，还可以在不同的工作簿之间移动工作表；如果是要复制工作表，选中对话框中的"建立副本"复选框即可。

（6）保护数据

工作表中的某些数据需要加以保护，以防误操作破坏数据或是被他人任意更改数据，可以执行 Excel 的保护操作。

①保护工作簿。选择"审阅"|"保护"|"保护工作簿"命令，打开"保护结构和窗口"对话框，如图 2-59 所示。保护"结构"，则用户不能再对工作簿中的工作表进行改名、删除、改变次序等操作。保护"窗口"，则不能最大化、最小化工作簿窗口，其大小被固定。如果设置了"密码"，则执行"撤销工作簿保护"命令时，必须输入正确的密码。

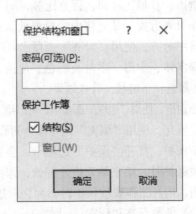

图 2-58　"移动或复制工作表"对话框　　　图 2-59　"保护结构和窗口"对话框

②保护工作表。选择"审阅"|"保护"|"保护工作表"命令，打开"保护工作表"对话框，

如图 2-60 所示。在"允许此工作表的所有用户进行"列表下，选择允许他人能够更改的项目。如果设置了"密码"，则执行"取消工作表保护"命令时，必须输入正确的密码。

5．格式化工作表

格式化工作表包括了格式化表格以及表格中的数据。

（1）格式化数据

格式化工作表中的数据，就是定义数据（显示）格式、对齐方式、字体、单元格边框、背景图案、是否保护数据等。

选择"开始"｜"单元格"｜"格式"｜"设置单元格格式"命令，打开"设置单元格格式"对话框，如图 2-61 所示，可进行如下设置。

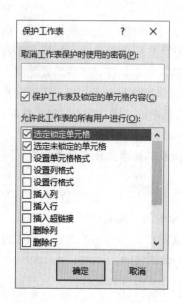

图 2-60　"保护工作表"对话框　　　　图 2-61　单元格格式设置

①数据显示格式。选择"数字"选项卡，对话框左边显示了可使用的各种数据格式，如数值、货币、日期、时间、百分比等，而每一类数据都有多种显示格式。

②对齐方式。单元格中的数据默认对齐方式是：水平方向文字左对齐、数值右对齐、垂直方向居中对齐。使用"对齐"选项卡可以改变默认的对齐方式。

③字体、字形、字号及颜色。使用"字体"选项卡，可设置选定单元格数据的字体、字形、字号、颜色、下画线、特殊效果。

④边框。使用"边框"选项卡，可以给选定的单元格设置边框线、以及边框线的位置与颜色。

⑤填充。使用"填充"选项卡，可以给选定的单元格设置背景色、图案颜色及图案样式等。

⑥保护。打开"保护"选项卡，会发现所有的单元格默认都处于"锁定"状态。只有在工作表被保护时，锁定单元格才有效，即被锁定的单元格不可以被编辑。将某些单元格的锁定状态取消，则在工作表被保护时，允许对这些非锁定的单元格进行编辑。

（2）调整行高和列宽

Excel 中默认的列宽是 8.38，行高是 14.25。要调整列宽、行高，可以用鼠标拖动行号和列标之间的分界线，也可以选择"开始"｜"单元格"｜"格式"｜"行高"或"列宽"命令，在出现的对话框中输入行高和列宽。

（3）自动套用格式

Excel 内部已定义好一些格式组合，如数据的显示格式、字体、对齐方式、列宽、行高等，选用这些格式，可快速格式化表格。选择"开始"｜"样式"｜"套用表格格式"命令，选择其中需要的样式即可。

6．Excel 2016 的公式与函数

公式：公式＝操作数＋运算符。

操作数：可以是数值、文字、单元格地址、函数或其他公式。

运算符及其优先级，如图 2-62 所示。

优先顺序	运算符	名称
1	:	冒号
2		空格
3	,	逗号
4	–	负号
5	%	百分号
6	^	乘方
7	*, /	乘除
8	+, –	加减
9	&	文字连接符
10	=, 〈, 〉, <=, >=, 〈〉	比较运算符

图 2-62　运算符及其优先级

在单元格中输入公式时，先输入等号，然后再输入公式本身，如＝A3＋B6，公式中的所有符号都是英文半角符号，英文字母不区分大小写。

（1）公式的输入

公式是指以等号"＝"开始，后跟操作数和运算符的表达式，每个操作数可以是常量、单元格或单元格区域的引用地址、名字或函数等。

（2）单元格引用与公式复制

①使用引用。

在公式中使用单元格地址或单元格区域，称为单元格引用。其优点在于用户不必关心公式中的单元格中存放什么内容，以及这些内容如何发生改变。如图 2-63 所示，在 D2 单元格中计算万明的税金，输入公式为"＝B2*C2"，即在单元格 D2 中引用了 B2 和 C2。如果万明的工资或纳税比例发生变化，只需修改单元格 B2 或 C2 的内容，只要 D2 与 B2、C2 的引用关系不变，那么 D2 的计算结果会自动随 B2、C2 的内容而改变。

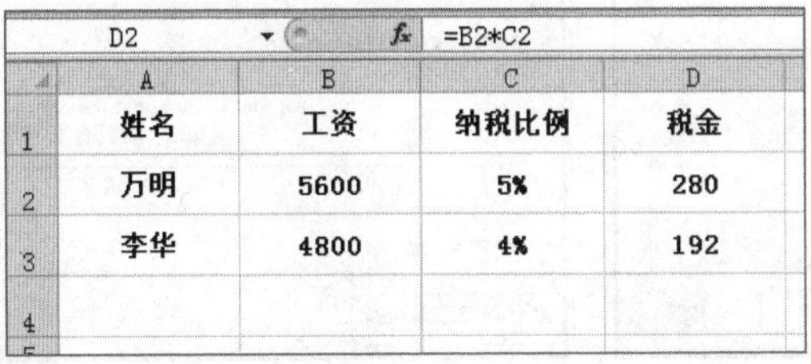

D2		f_x	=B2*C2	
	A	B	C	D
1	姓名	工资	纳税比例	税金
2	万明	5600	5%	280
3	李华	4800	4%	192
4				

图 2-63　单元格引用

②引用类型。

根据在公式中引用单元格地址的不同形式，被引用的单元格地址可分为以下类型。

a．相对地址引用。相对地址表示某一单元格相对于当前单元格的相对位置。当把一个含有单元格地址的公式复制到新位置时，公式中的单元格地址会改变。形式如 B1、C1 为相对引用，是指引用相对于所在单元格位置的单元格。当复制带有相对引用的公式时，被粘贴公式中的"相对引用"将被更新，并指向与当前公式位置相对应的其他单元格。例如，在 B2 单元格中输入公式"=C1−A1"，将公式复制到单元格 D2 中，则 D2 中的公式为"=E1−C1"。其复制的是一种相对位置关系。

b．绝对引用地址。绝对地址是单元格在工作表中的绝对位置。当把含有单元格地址的公式复制到新位置时，单元格地址保持不变。形式如B1、C1 为绝对引用，是指引用工作表中固定不变的单元格。当复制带有绝对引用的公式时，被粘贴公式中的"绝对引用"将被原样复制。

c．混合引用地址。混合地址是前两种地址的混合。形式如$B1、C$1 为混合引用，包含一个绝对引用和一个相对引用。当复制带有混合引用的公式时，被粘贴公式中的绝对引用部分不变，相对引用部分改变。

（3）函数

函数是 Excel 预先定义好的公式。函数由函数名、一对圆括号和几个参数组成，例如，=SUM (A1,A2,A3)。输入函数名时，字母的大小写等效，各参数之间必须用英文半角逗号分隔。

Excel 提供了财务函数、逻辑函数、文本函数、日期和时间函数、查找与引用函数、数学和三角函数、统计函数、工程函数、多维数据集函数、信息函数、兼容性函数和 Web 函数共 12 类数百种函数，使用函数可以更方便地进行数值运算。

将光标定位在需要插入函数的单元格，选择"公式"|"函数库"|"插入函数"命令，打开"插入函数"对话框，如图 2-64(a)所示，在"或选择类别"列表框中选择一类函数，则该类函数列表出现在"选择函数"列表框中，选择某个函数后单击"确定"按钮，打开"函数参数"对话框，如图 2-64(b)所示，根据需要输入数值或单元格地址等参数后，则计算结果显示在该单元格中。在该对话框下部也会出现该函数的功能以及每个参数的作用，利用该对话框也可以学习函数的用法。在对话框左下角还有函数帮助的链接，单击该链接可以查看函数更详细的说明以及实用示例。

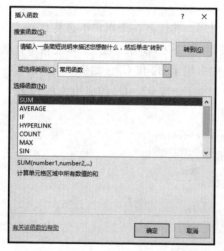
(a)

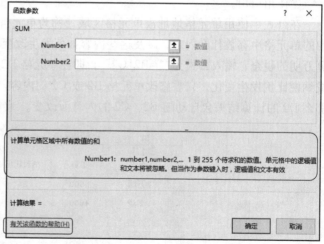
(b)

图 2-64　"插入函数"对话框和"函数参数"对话框

2.3.3　课内实验

1. 实验名称

Excel 基本操作。

2. 实验目的

①熟悉 Excel 2016 的启动和退出方法，了解 Excel 2016 的窗口组成。

②掌握工作簿的建立、保存、打开和关闭的方法。

③掌握编辑工作表和格式化工作表的基本方法。

④掌握工作表中公式与常用函数的使用方法。

3. 实验环境

①硬件环境：微型计算机。

②软件环境：Windows 10、Excel 2016。

4. 实验内容

①创建工作簿。

②熟悉 Excel 2016 的窗口组成。

③编辑工作表。

④格式化工作表。

⑤公式与函数的使用。

5. 实验步骤

操作要求：打开指定目录下的工作簿文件 ex0.xlsx，依照样文按下列要求操作。

（1）格式编排

①设置表中的行或列：首先插入一行，在列标题行（第 2 行）下面插入一行，将原单元格 D2 和 E2 内带括号的单位说明移到下一行 D3、E3 中，并居中对齐。

②设置单元格数据、文字格式及底纹：（标题单元格：A1）

标题行格式：宋体、18 磅、加粗，绿色底纹、白色字体，跨越合并，居中对齐；列标题行：黑体、12 磅、加粗；A2：A3、B2：B3、C2：C3 单元格区域分别跨两行合并、居中对齐；A20：E20 单元格区域跨越合并、居中对齐，加黄色底纹，字体加粗；A4：A19 单元格区域中的数据左对齐，其余单元格右对齐。

③设置表格边框线：按样文为表格设置相应的边框格式。

（2）公式计算（需严格遵照题目要求）

①在 D4：D19 单元格区域中用"出生率 – 死亡率"求各年的自然增长率（保留两位小数）。

②在 B21 单元格中用求平均值的函数统计 1949 — 1999 年的平均增长率。

③在 C22 单元格中用求平均值的函数统计 1949 — 1999 年的平均死亡率。

④在 D23 单元格中用求平均值的函数统计 1949 — 1999 年的平均自然增长率。

样文：（注：单元格必须一一对应，切不可任意移动做好的表格）

中国历年人口状况统计				
年份	出生率	死亡率	自然增长率（‰）	总和生育率（TER）
1949	36	20	16.00	6.139
1952	37	17	20.00	6.472
1955	32.6	12.28	20.32	6.261
1958	29.22	11.98	17.24	5.679
1964	39.14	11.5	27.64	6.176
1968	35.59	8.21	27.38	6.448
1970	33.43	7.6	25.83	5.812
1973	29.93	7.04	22.89	4.539
1975	23.01	7.32	15.69	3.571
1982	21.09	6.6	14.49	2.86
1985	21.04	6.78	14.26	2.2
1990	21.06	6.67	14.39	2.31
1992	18.24	6.64	11.60	2
1995	17.12	6.57	10.55	1.9
1997	16.57	6.51	10.06	1.8
1999	15.23	6.46	8.77	1.8
50年平均值				
出生率	26.64			
死亡率		9.32		
自然增长率			17.32	

操作步骤：

（1）格式编排

①选择第3行，选择"开始"|"单元格"|"插入"|"插入工作表行"命令插入一行，将原单元格 D2 和 E2 内带括号的单位说明移到下一行 D3、E3 中，并居中对齐。

②设置单元格数据、文字格式及底纹。

选择标题行，选择"开始"|"字体"命令，应用相应的命令按钮设置其格式为宋体、18 磅、加粗、绿色底纹、白色字体；选择"开始"|"对齐方式"命令，应用相应的命令按钮设置跨越合并，居中对齐。

选择列标题行，设置其格式为黑体、12 磅、加粗。

分别选择 A2:A3、B2:B3、C2:C3 单元格区域，选择"开始"|"对齐方式"命令，单击"合并后居中"按钮分别跨两行合并、居中对齐。

选择 A20:E20 单元格区域，设置为跨越合并、居中对齐，加黄色底纹，字体加粗。

选择 A4:A19 单元格区域，设置其中的数据左对齐，设置其余单元格右对齐。

③选择 A1:E19 单元格区域，选择"开始"|"单元格格式"|"格式"|"设置单元格格式"命令，选择"边框"选项卡，设置区域上、左、右边框线为单线，下边框线为双线。

选择 A20:E23 单元格区域，设置其左、右、下边框线为单线。

（2）公式计算

①在 D4 单元格中输入公式"=B4−C4"，然后把 D4 复制到 D5:D19 单元格区域。选择 D4:D19 单元格区域，选择"开始"|"单元格格式"|"格式"|"设置单元格格式"命令，选择"数字"选项卡，设置其小数位数为 2 位。

②在单元格 B21 中输入公式"=AVERAGE（B4:B20）"，在单元格 C22 中输入公式"=AVERAGE（C4:C20）"，在单元格 D23 中输入公式"=AVERAGE（D4:D20）"。

6. 实验思考

①数据清除和数据删除的区别是什么？

②如何使用鼠标、借助于工作表标签实现工作簿的移动、复制、剪切工作表操作?

2.3.4 课后实训

1. 实训目的

掌握 Excel 2016 的基本操作及应用。

2. 实训环境

①硬件环境：微型计算机。

②软件环境：Windows 10，Excel 2016。

3. 实训内容

(1) ex1.xlsx 操作

打开指定目录下的工作簿文件 ex1.xlsx，依照样文按下列要求操作。

①格式编排。

a. 设置表中的行或列：首先移动列，将"农科学生数"一列移到"林科学生数"一列的左面；设置第 2~7 行高为 19.5；A2：E7 单元格区域列宽为 11.6。

b. 设置单元格数据、文字格式及底纹：(标题单元格：A1)

标题行格式：楷体、16 磅、加粗，跨越合并居中；表头行(第二行)格式：宋体、加粗、12 磅；浅蓝色底纹。

设置表中各单元格的字号为 12 磅，各数据单元格右对齐。

c. 设置表格边框线：按样文为表格设置相应的边框格式。

②公式计算(需严格遵照题目要求)

a. 在 B8 单元格中用表达式计算 1999 年比 1952 年学校增长的数量。

b. 在 B9 单元格中用表达式计算 1999 年比 1952 年学生增长的数量。

c. 在 C10 单元格用表达式计算 1999 年平均校内学生数量(结果保留到整数)。

d. 在 D11 单元格中用"农科学生数/在校学生数(1999) -农科学生数/在校学生数(1952)"求农科学生比例增长数。(结果保留 2 位小数)

样文：(注：单元格必须一一对应，切不可任意移动做好的表格)

1952——1999高等学校在校学生人数				
年份	普通高校数	在校学生数	农科学生数	林科学生数
1952	201	191000	13262	2209
1980	675	1143712	70494	11681
1986	1016	1879994	93218	10171
1990	1075	2063000	87615	19042
1999	1071	4134000	142415	
学校增长数	870			
学生增长数	3943000			
平均校内增长数		3860		
农科学生比例增长数			-0.03	

(2) ex2.xlsx 操作

打开指定目录下的工作簿文件 ex2.xlsx，依照样文按下列要求操作。

①格式编排。

a. 设置工作表的行、列：在标题下插入一空行；在"商品种类"列下面(A9)中输入"总计"。

b．设置标题单元格（A1）格式：黑体、加粗、20 磅，跨越合并居中，设置底纹浅绿色；

c．更改表格对齐方式：所有数据数值列居右，会计专用样式，其他单元格居中。

d．设置表格边框线：按样文为表格设置相应的边框格式。

②公式计算。

a．求每个季节各类商品的销售总额填入"总计"。

b．在"合计"一栏求每种商品的全年销售总额，格式同样文。

样文：（注：单元格必须一一对应，切不可任意移动做好的表格）

民生大楼四季销售计划									
商品种类		春季		夏季		秋季		冬季	合计
服装	¥	75,000	¥	81,500	¥	68,000	¥	75,500	¥ 300,000
鞋帽	¥	22,500	¥	22,800	¥	24,000	¥	38,400	¥ 107,700
家电	¥	686,020	¥	886,000	¥	562,000	¥	749,000	¥ 2,883,020
百货	¥	18,900	¥	12,800	¥	14,400	¥	15,500	¥ 61,600
化妆品	¥	293,980	¥	223,900	¥	191,550	¥	289,000	¥ 998,430
总计	¥	1,096,400	¥	1,227,000	¥	859,950	¥	1,167,400	

4．实训思考

Excel 工作表的数据能否在 Word 中使用？

2.4　Excel 2016 高级操作实验

2.4.1　实验介绍

本次实验主要是掌握 Excel 2016 中的高级操作，包括：创建、编辑 Excel 图表；数据清单的记录单的使用，排序、筛选及分类汇总的相关操作。

2.4.2　知识点

1．图表

在 Excel 中，根据工作表上的数据生成的图形仍存放在工作表中，这种含有图形的工作表称为图表。图形具有直观形象的优点，它可以反映数字看不出的趋势和异常情况，如用直方图显示每月的销售额等。（见图 2-65）

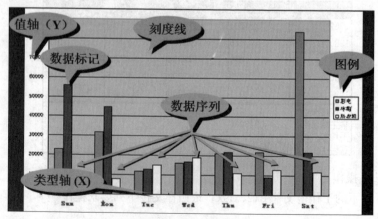

图 2-65　图表相关术语

　　图表是工作表数据的图形表示，可以使数据显得更为清晰直观，还能帮助用户分析数据。Excel 提供了强大的图表制作功能。它能根据用户的要求，制作出各种不同类型的图表。

　　(1) 创建图表

　　将 Excel 实验素材中的 ex3.xlsx 文件中工资总额位于前 5 名的员工的基本工资、补贴、工资总额以柱形图进行比较，结果如图 2-66 所示。

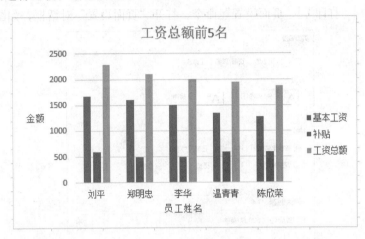

图 2-66　工资总额前 5 名柱形图

　　操作步骤：

　　①打开工作簿，选择工作表 Sheet1 为当前工作表，将数据清单按"工资总额"降序进行排序。

　　②选择图表类型。选择"插入"|"图表"|"插入柱形图或条形图"|"二维柱形图"|"簇状柱形图"。

　　③选择图表数据源。选择"图表工具"|"设计"|"数据"|"选择数据"，在打开的"选择数据源"对话框中，选择"图表数据区域"，然后在工作表中用鼠标选择区域 A2:G7；单击"水平（分类）轴标签"中的"编辑"按钮，在"轴标签"对话框中，选择"轴标签区域"，然后在工作表中用鼠标选择前 5 名职工的姓名区域即 B3:B7，单击"确定"按钮回到"选择数据源"对话框，再单击"确定"按钮。

　　④设置图表选项。在图表的"图表标题"文本框中输入"工资总额前 5 名"；在"图表工具"|"设计"|"图表布局"中单击"添加图表元素"按钮，选择"图例"|"右侧"；单击"添加图表元素"按钮，选择"坐标轴标题"|"主要横坐标轴"，在图表的"坐标轴标题"文本框中输入"员工姓名"；单击"添加图表元素"按钮，选择"坐标轴标题"|"主要纵坐标轴"，选中纵坐标轴标题，在 Excel 窗口右侧的"设置坐标轴标题格式"面板中选择"文本选项"|"文本框"，在"文字方向"列表中选择"横排"，在图表的"坐标轴标题"文本框中输入"金额"。

　　⑤设置图表位置。图表可根据需要放大缩小并拖动到适当的位置。

　　(2) 格式化图表

　　在图表中单击图表标题"工资总额前 5 名"，在"开始"选项卡中将其格式设置为宋体、11 号。同样修改坐标轴、图例的格式。

　　(3) 修改图表

　　单击选中图表，右击图表空白处，在弹出的快捷菜单中选择"更改图表类型""选择数据"

"移动图表" "设置图表区域格式"命令可重新启动图表向导对每项进行修改。

（4）打印工作表与图表

工作表或图表设计好之后，可通过打印机输出结果。打印操作是通过"文件"选项卡的"打印"命令来完成的，打印前可按需对打印效果进行设置。

①页面设置。

选择"文件" | "打印" | "页面设置"命令，打开"页面设置"对话框，如图2-67所示。

图 2-67 "页面设置"对话框

"页面"选项卡，可以设置打印方向、缩放比例、打印纸的规格、打印质量、起始页码等。

"页边距"选项卡，可以设置左、右、上、下以及页眉、页脚边距，同时设置居中方式的边距。

"页眉/页脚"选项卡，可以设置页眉、页脚的内容及位置。

"工作表"选项卡，可以设置打印区域、标题、打印选项及打印顺序等。

②打印预览。

在"打印"窗口可以很方便地预览文件真实打印时的外观效果。

③打印工作表或图表。

"份数"选项中，可确定打印份数及打印方式。

"打印机"选项中，显示默认打印机的名称、状态、I/O端口位置。

"设置"选项中，可确定打印整个工作表或是工作表中的某些页、选择打印选定的区域，或是选定的工作表，或是整个工作簿，选择打印方向、所用纸张类型、页面边框以及缩放。

如果只需要打印图表，在工作表中选中图表，然后选择"文件"选项卡的"打印"命令即可。

各项设置完毕，单击"打印"按钮即可打印，如图2-68所示。

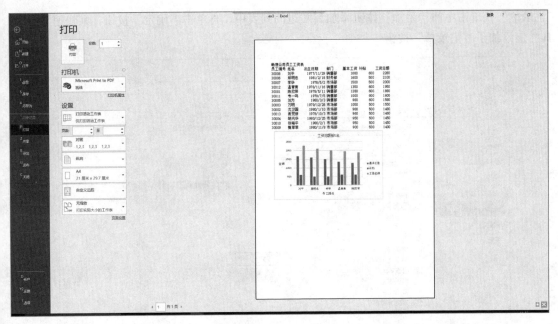

图 2-68　"打印"窗口

2．Excel 2016 的数据管理

数据清单又称工作表数据库。它是指在工作表中由行和列围起的一片数据区，包括一个字段行和若干记录行。数据清单可以像数据库一样使用，数据清单的行对应于数据库表的记录，数据清单的列对应于数据库表的字段。数据清单中第一行的列标志对应于字段名。

在 Excel 中把图 2-69 所示的二维表格看作一张数据清单，第 2 行的"员工编号""姓名""出生日期""部门""基本工资""补贴""工资总额"等称为字段名，以下的每一行称为一个记录，该清单中具有 7 个字段，13 个记录。

	A	B	C	D	E	F	G	H
1	畅想公司员工工资表							
2	员工编号	姓名	出生日期	部门	基本工资	补贴	工资总额	
3	30001	陈欣荣	1978/5/11	销售部	1280	600	1880	
4	30002	沈卫国	1980/1/10	市场部	980	500	1480	
5	30003	万明	1979/12/28	市场部	1050	500	1550	
6	30004	胡光华	1980/12/25	市场部	950	500	1450	
7	30005	刘方	1980/3/3	销售部	980	600	1580	
8	30006	郑明忠	1981/2/18	财务部	1600	500	2100	
9	30007	李华	1978/5/2	市场部	1500	500	2000	
10	30008	刘平	1977/11/29	销售部	1680	600	2280	
11	30009	甄菲菲	1980/11/8	市场部	900	500	1400	
12	30010	张喻平	1980/2/1	市场部	950	500	1450	
13	30011	韦一鸣	1979/7/5	销售部	1000	600	1600	
14	30012	温青青	1978/11/16	销售部	1350	600	1950	
15	30013	谢觉新	1978/10/3	市场部	960	500	1460	
16								

图 2-69　数据清单

对于数据清单，Excel 提供了记录插入、删除、查找、排序、筛选、分类汇总、数据透视表等数据库管理的操作。

（1）记录单的使用

选择"文件"|"选项"命令，在"Excel 选项"列表中单击"快速访问工具栏"，如图 2-70 所示，在"从下列位置选择命令"下拉列表框中选择"不在功能区的命令"，在左边列表找到

"记录单",单击中间"添加"按钮添加到右边的列表中,再单击"确定"按钮,则快速访问工具栏上添加了"记录单"按钮。

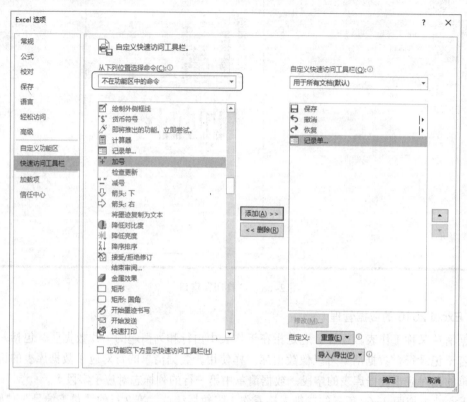

图 2-70 "Excel 选项"对话框

单击"记录单"按钮,打开记录单对话框,此时记录单已自动读取了列的信息,如图 2-71 所示,将滚动条拉至最后,填写空白处数据,单击"新建"按钮,则数据准确地添加到表格中。

（2）排序

排序是指根据数据清单的列内容重新调整各行的位置。大多数排序操作都是列排序。

①简单排序。将光标定位到要排序的列中的某个单元格,在"数据"选项卡的"排序和筛选"功能组中单击"升序"按钮或"降序"按钮使光标所在的列按升序或降序排列。

现将图 2-69 中数据按照"出生日期"重新排序。单击选中 C2 单元格,即字段名"出生日期",单击"升序"按钮，则记录按出生日期从小到大排序。

②复杂多条件排序。选择要排序的数据区域,或者单击该数据区域中任意一个单元格。在"数据"选项卡的"排序和筛选"功能组中单击"排序"按钮,打开"排序"对话框,如图 2-72 所示,在该对话框中设置排序条件。

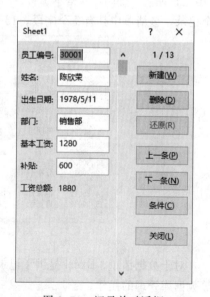

图 2-71 记录单对话框

图 2-72 "排序"对话框

将图 2-69 中数据按"基本工资"降序排序，如果基本工资数额相同，则按"补贴"降序排序。在"主要关键字"列表框中选中"基本工资"，次序选择"降序"；单击"添加条件"按钮，在"次要关键字"列表框中选中"补贴"，次序选择"降序"，单击"确定"按钮。

（3）数据筛选

数据筛选的作用是将满足条件的数据集中显示在工作表上。数据筛选分为自动筛选和高级筛选。

①自动筛选。

a．从图 2-69 的数据中筛选出在 1980 年出生的员工，结果显示在原数据清单区域。

将光标定位在数据中任一单元格，在"数据"选项卡的"排序和筛选"功能组中单击"筛选"按钮，每个字段名右侧出现一个下拉箭头，如图 2-73 所示，单击"出生日期"后的下拉箭头，在出生的年份列表中将除 1980 以外的多选框都不选中，单击"确定"按钮，则数据表中只有出生日期在 1980 年的数据显示出来，如图 2-74 所示，并且"出生日期"后的下拉按钮变成一个漏斗形状，表示该字段使用了自动筛选。

	A	B	C	D	E	F	G
1	畅想公司员工工资表						
2	员工编	姓名	出生日期	部门	基本工资	补贴	工资总
3	30001	陈欣荣	1978/5/11	销售部	1280	600	1880
4	30002	沈卫国	1980/1/10	市场部	980	500	1480
5	30003	万明	1979/12/28	市场部	1050	500	1550
6	30004	胡光华	1980/12/25	市场部	950	500	1450
7	30005	刘方	1980/3/3	销售部	980	600	1580
8	30006	郑明忠	1981/2/18	财务部	1600	500	2100
9	30007	李华	1978/5/2	市场部	1500	500	2000
10	30008	刘平	1977/11/29	销售部	1680	600	2280
11	30009	甄菲菲	1980/11/8	市场部	900	500	1400
12	30010	张喻平	1980/2/1	市场部	950	500	1450
13	30011	韦一鸣	1979/7/5	销售部	1000	600	1600
14	30012	温青青	1978/11/16	销售部	1350	600	1950
15	30013	谢觉新	1978/10/3	市场部	960	500	1460
16							

图 2-73 自动筛选

	A	B	C	D	E	F	G
1	畅想公司员工工资表						
2	员工编	姓名	出生日期	部门	基本工资	补贴	工资总
4	30002	沈卫国	1980/1/10	市场部	980	500	1480
6	30004	胡光华	1980/12/25	市场部	950	500	1450
7	30005	刘方	1980/3/3	销售部	980	600	1580
11	30009	甄菲菲	1980/11/8	市场部	900	500	1400
12	30010	张喻平	1980/2/1	市场部	950	500	1450
16							

图 2-74 自动筛选结果

再次单击"排序和筛选"功能组的"筛选"按钮，取消所有自动筛选，恢复显示所有记录。

b．在图 2-69 中筛选出工资总额大于 1500 的市场部员工，结果显示在原来数据清单区域。

将光标定位在数据中任一单元格，在"数据"选项卡的"排序和筛选"功能组中单击"筛选"按钮，单击"部门"右侧的下拉按钮，在列表中只选择"市场部"；单击"工资总额"右侧的下拉按钮，选择"数字筛选"｜"自定义筛选"，打开"自定义自动筛选方式"对话框，如图 2-75 所示，在第一行左侧列表选择"大于"，在其右侧的列表框中输入 1500，单击"确定"按钮，得到图 2-76 所示的筛选结果。

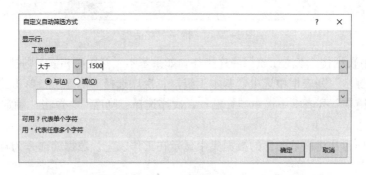

图 2-75 "自定义自动筛选方式"对话框

	A	B	C	D	E	F	G
1	畅想公司员工工资表						
2	员工编号	姓名	出生日期	部门	基本工资	补贴	工资总额
5	30003	万明	1979/12/28	市场部	1050	500	1550
9	30007	李华	1978/5/2	市场部	1500	500	2000
16							

图 2-76 自动筛选结果

② 高级筛选。

使用高级筛选之前，必须建立条件区域。条件区域第一行是跟条件有关的字段名，以下行是条件行。条件行有以下规定：

a．一条空白的条件行表示无条件。

b．同一条件行不同单元格的条件，互为"与"的关系。

c．不同条件行不同单元格中的条件，互为"或"的关系。

d．对相同的字段指定一个以上的条件，或条件为一数据范围，应重复输入字段名。

从图 2-69 的数据中筛选出基本工资大于 1000 同时工资总额大于 1500 的所有员工，并将筛选结果显示在以单元格 A22 为首的区域中。

"基本工资大于 1000"和"工资总额大于 1500"这两个条件必须同时满足，所以是互为"与"的关系。首先在某空白位置建立条件区域，如 A18:B19 区域：在 A18 输入"基本工资"，在 B18 输入"工资总额"，在 A19 输入">1000"，在 B19 输入">1500"。将光标定位到数据区域任意单元格，在"数据"选项卡的"排序和筛选"功能组中，单击"高级"按钮，出现"高级筛选"对话框，如图 2-77(a)所示。选中"将筛选结果复制到其他位置"，在列表区域确认是否选中所有数据，定位到"条件区域"，用鼠标选中条件区域单元格 A18:B19 区域，该范围地址自动出现在"条件区域"中，定位到"复制到"，单击 A22 单元格，单击"确定"按钮，得到图 2-77(b)所示的筛选结果。

18	基本工资	工资总额					
19	>1000	>1500					
20							
21							
22	员工编号	姓名	出生日期	部门	基本工资	补贴	工资总额
23	30001	陈欣荣	1978/5/11	销售部	1280	600	1880
24	30003	万明	1979/12/28	市场部	1050	500	1550
25	30006	郑明忠	1981/2/18	财务部	1600	500	2100
26	30007	李华	1978/5/2	市场部	1500	500	2000
27	30008	刘平	1977/11/29	销售部	1680	600	2280
28	30012	温青青	1978/11/16	销售部	1350	600	1950
29							

(a)   (b)

图 2-77 "高级筛选"对话框及筛选结果

从图 2-69 所示的数据中筛选出基本工资大于 1000 或者工资总额大于 1500 的所有员工,并将筛选结果显示在以单元格 A30 为首的区域中。

"基本工资大于 1000"和"工资总额大于 1500"这两个条件满足一个就可以,所以是互为"或"的关系。首先建立条件区域,将单元格 B19 的内容移动到 B20,则区域 A18:B20 组成了新的条件区域。在"数据"选项卡的"排序和筛选"组中单击"高级"按钮,在"高级筛选"对话框中选中"将筛选结果复制到其他位置",列表区域与上例中设置相同,条件区域选择 A18:B20 区域,在"复制到"选择 A30 单元格,单击"确定"按钮。筛选结果如图 2-78 所示。

18	基本工资	工资总额					
19	>1000						
20		>1500					
29							
30	员工编号	姓名	出生日期	部门	基本工资	补贴	工资总额
31	30001	陈欣荣	1978/5/11	销售部	1280	600	1880
32	30003	万明	1979/12/28	市场部	1050	500	1550
33	30005	刘方	1980/3/3	销售部	980	600	1580
34	30006	郑明忠	1981/2/18	财务部	1600	500	2100
35	30007	李华	1978/5/2	市场部	1500	500	2000
36	30008	刘平	1977/11/29	销售部	1680	600	2280
37	30011	韦一鸣	1979/7/5	销售部	1000	600	1600
38	30012	温青青	1978/11/16	销售部	1350	600	1950
39							

图 2-78 "基本工资大于 1000 或工资总额大于 1500"的筛选结果

(4) 分类汇总

对数据清单中的数据按某一字段进行分类,再对分类数据作求和、求平均值等统计操作,称为分类汇总。分类汇总的前提是首先对数据清单按字段排序。

分类汇总实际上是数据库管理的一种功能,通过简单的命令对于数据记录按不同的字段进行统计,就是将数据分类以后进行统计。步骤是:选择数据清单中任一单元格;在"数据"选项卡上的"分级显示"组中单击"分类汇总"按钮。

从图 2-69 的数据中统计各部门的补贴总金额:

①将数据清单按"部门"进行排序(升序降序皆可)。

②选择数据清单中任一单元格,在"数据"选项卡的"分级显示"组中单击"分类汇总",打开"分类汇总"对话框,如图 2-79 所示。在"分类字段"中选择"部门",在"汇总方式"中选择"求和",在"选定汇总项"中选择"补贴",选中"替换当前分类汇总""汇总结果显示在数据下方"复选框,单击"确定"按钮。结果如图 2-80 所示。

分类汇总	? ×
分类字段(A):	
部门	∨
汇总方式(U):	
求和	∨
选定汇总项(D):	
□姓名	
□出生日期	
□部门	
□基本工资	
☑补贴	
□工资总额	
☑替换当前分类汇总(C)	
□每组数据分页(P)	
☑汇总结果显示在数据下方(S)	
全部删除(R) 确定 取消	

		A	B	C	D	E	F	G
	1	畅想公司员工工资表						
	2	员工编号	姓名	出生日期	部门	基本工资	补贴	工资总额
	3	30006	郑明忠	1981/2/18	财务部	1600	500	2100
	4				财务部 汇总		500	
	5	30002	沈卫国	1980/1/10	市场部	980	500	1480
	6	30003	万明	1979/12/28	市场部	1050	500	1550
	7	30004	胡光华	1980/12/25	市场部	950	500	1450
	8	30007	李华	1978/5/2	市场部	1500	500	2000
	9	30009	甄菲菲	1980/11/8	市场部	900	500	1400
	10	30010	张喻平	1980/2/1	市场部	950	500	1450
	11	30013	谢觉新	1978/10/3	市场部	960	500	1460
	12				市场部 汇总		3500	
	13	30001	陈欣荣	1978/5/11	销售部	1280	600	1880
	14	30005	刘方	1980/3/3	销售部	980	600	1580
	15	30008	刘平	1977/11/29	销售部	1680	600	2280
	16	30011	韦一鸣	1979/7/5	销售部	1000	600	1600
	17	30012	温青青	1978/11/16	销售部	1350	600	1950
	18				销售部 汇总		3000	
	19				总计		7000	
	20							

图 2-79 "分类汇总"对话框　　　　图 2-80 按部门分类汇总的结果

在"分类汇总"对话框中单击"全部删除"按钮可恢复数据清单原样。

（5）使用数据透视表

数据透视表是一种交互式报表，主要用于快速汇总大量数据。它通过对行或列的不同组合来查看对数据的汇总，还可以通过显示不同的页来筛选数据。

从图 2-69 所示的数据中求出每个部门的工资总额的最大值、最小值及平均值。操作步骤如下：

首先，选择数据清单中任一单元格，在"插入"选项卡的"表格"功能组中单击"数据透视表"按钮，打开"创建数据透视表"对话框，如图 2-81 所示。在"选择一个表或区域"项下的"表/区域"框显示当前已选择的数据源区域，可根据需要重新选择数据。选择"现有工作表"作为透视表显示位置，并选择单元格 I3。单击"确定"按钮，Excel 会将空的数据透视表添加至指定位置并在右侧显示"数据透视表字段"任务窗格，如图 2-82 所示，该任务窗格的上半部分为字段列表，显示可以使用的字段名，也就是数据区域的列标题，下半部分是布局部分。若要将字段放置到布局部分的特定区域中，可以直接将字段名从字段列表中拖动到布局部分的某个区域中。

图 2-81 "创建数据透视表"对话框

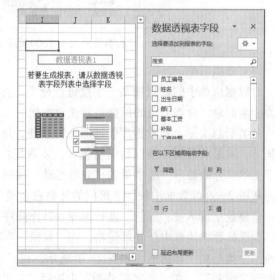

图 2-82 "数据透视表字段"任务窗格

对话框右部以按钮的形式列出了数据清单中的字段名，拖动“部门”按钮到“列”区域，连续三次拖动“工资总额”按钮到“值”区域，如果在“列”区域“部门”下面出现了“数值”，则把“数值”拖到“行”区域；单击第二个工资总额下拉按钮，选择“值字段设置”，在打开的对话框中“值汇总方式”为“最大值”，同样，设置第三个按钮的汇总方式为“最小值”。得到结果如图 2-83 所示。

	列标签			
值	财务部	市场部	销售部	总计
求和项:工资总额	2100	10790	9290	22180
最大值项:工资总额2	2100	2000	2280	2280
最小值项:工资总额3	2100	1400	1580	1400

图 2-83　数据透视表

2.4.3　课内实验

1．实验名称

Excel 高级操作。

2．实验目的

①掌握创建简单图表的方法，以及编辑图表格式的操作。

②掌握数据排序的操作方法。

③掌握自动筛选和高级筛选的操作方法。

④掌握分类汇总的操作方法。

⑤掌握数据透视表的制作方法。

3．实验环境

①硬件环境：微型计算机。

②软件环境：Windows 10、Excel 2016。

4．实验内容

①图表操作。

②数据清单的操作（数据排序、筛选、分类汇总等）。

5．实验步骤

按图 2-84 所示创建工作表 xiaoshou.xlsx，并按下述要求对其进行操作。

	A	B	C	D	E	F	G	H	I
1	2005年一、二季度家电销售情况表								
2	序号	销售小组	产品编号	产品类型	生产厂家	单价	季度	数量	销售额
3	1	1	A001	电视机	长虹	3500	1	30	105000
4	2	1	A002	电视机	康佳	3420	1	20	68400
5	3	2	A003	电视机	TCL	4590	1	36	165240
6	4	2	A004	电视机	牡丹	2890	1	52	150280
7	5	1	B001	空调	科龙	3600	1	21	75600
8	6	1	B002	空调	海信	2800	1	15	42000
9	7	2	B003	空调	日立	3300	1	23	75900
10	8	2	B004	空调	海尔	3120	1	29	90480
11	9	1	A001	电视机	长虹	3500	2	23	80500
12	10	1	A002	电视机	康佳	3420	2	45	153900
13	11	2	A003	电视机	TCL	4590	2	41	188190
14	12	2	A004	电视机	牡丹	2890	2	34	98260
15	13	1	B001	空调	科龙	3600	2	55	198000
16	14	1	B002	空调	海信	2800	2	48	134400
17	15	2	B003	空调	日立	3300	2	63	207900
18	16	2	B004	空调	海尔	3120	2	56	174720

图 2-84　销售情况表

操作要求与步骤：

(1) 填充数据

①填充每个记录所对应的“序号”。

②"销售小组"按 1、1、2、2 的顺序进行循环填充。

③"产品类型""生产厂家""产品编号""季度"的数据使用自动填充与复制的方法填充。

④输入"数量"。

（2）计算销售额

使用公式"销售额=单价*数量"来填充"销售额"。

（3）设置格式

①第一行，输入"2005 年一、二季度家电销售情况表"，行高 30 磅，华文行楷、加粗、红色、在 A1～I1 间跨越合并居中、垂直顶端对齐。

②设置字段名所在行的行高为 20 磅，字体为幼圆、14 磅、加粗、蓝色，水平、垂直均居中，底纹"白色，背景 1，深色 15%"。

③为表格添加边框。外边框设置为粗线，内部设置为细线。

将 Sheet1 工作表制作成 4 个副本，然后按如下要求进行操作：

（4）排序

在第一个工作表副本中按"产品类型"升序、"生产厂家"降序对工作表进行排序，并将工作表重命名为"排序"。

（5）分类汇总

在第二个工作表副本中按"季度"分类汇总"销售额"的总和，并将工作表重命名为"分类汇总"。

（6）高级筛选

在第三个工作表副本中筛选出"产品类型"为"电视机"、"季度"为 1、"销售额"大于 100000 的记录。

①条件区域：在D20 开始的单元格。

②筛选结果：在A24 开始的单元格。

在该工作表中显示筛选结果，并将工作表重命名为"高级筛选"。

（7）数据透视表

在第 4 个工作表副本中按"季度"和"产品类型"对"数量"和"销售额"求和，"季度"在行，"产品类型"在列，数据透视表放在原工作表下方，并将工作表重命名为"数据透视表"。

（8）图表工作表

根据"分类汇总"工作表做一个带数据标记的折线图，数据区域为"第一季度"的所有记录，图表标题为"2005 年第一季度销售额"，主要横坐标轴标题为"生产厂家"，主要纵坐标轴标题为"金额"；数据系列为"销售额"；图例位置为"顶部"；水平轴刻度为每个生产厂家显示一个刻度单位，作为新工作表插入，并将图表工作表重命名为"第一季度销售额"。

6．实验思考

①对于创建的图表，双击各个组成部分，进行参数的更改与编辑，并观察、总结结果发生的变化。

②具有哪些特征的表格才能算做是数据清单？Excel 中有哪些操作是针对数据清单的？

2.4.4　课后实训

1. 实训目的

掌握 Excel 2016 的高级操作及应用。

2. 实训环境

①硬件环境：微型计算机。

②软件环境：Windows 10、Excel 2016。

3. 实训内容

（1）Excel1.xlsx 操作

打开 Excel 实验素材中 Excel1.xlsx，完成如下操作：

①合并单元格 A1~F1，在其中输入"16-17学年第一学期我的课表"。

②利用"自动填充"功能，填充出第 2 行的"星期二至星期五"及 A 列的 2~9。

③根据自己的真实课表填充该表。

④依自己喜好设置文字、背景和边框颜色。

⑤为课表每次课程增加批注，批注内容为上课地址。

⑥把工作表 Sheet1 重命名为"我的课表"，保存。

（2）Excel2.xlsx 操作

打开文件 Excel2.xlsx，完成如下操作：

①选择工作表 Sheet1，将工作表改名为"成绩表"。

②在第一行前再插入一行，把 A1~H1 合并单元格，输入标题"学生成绩表"，设为 20 号宋体，加粗，居中，设置字体为红色，填充色为黄色。

③运用"自动填充"功能，快捷地完成学号的填充,学号为 0101~0105。

④工作表 Sheet1 第一行的行高设置为 24，第二行至第八行的行高设置为 18。

⑤利用公式复制的方法，计算出学生的"总分""平均分"，设置"平均分"为两位小数。

⑥为单元格 B2:D7 设置条件格式，当单元格数值小于 60 时用红色字体显示。

⑦用 IF 函数找出总分≥270 的学生，并在 H 列中以"优秀"标识。

⑧借助 COUNTIF 函数统计每科的优秀率（90 分为优秀）。

⑨利用统计中的 RANK 函数为同学排出名次。

（3）Excel3.xlsx 操作

打开文件 Excel3.xlsx，完成如下操作：

①选择工作表 Sheet1。

②工作表 Sheet1 的单元格 A2~A10 中输入数字 1~9，B1~J1 输入数字 1~9。

③利用公式复制的方法，在工作表 Sheet3 的 B2:J10 区域输入九九乘法表。

（4）Excel4.xlsx 操作

打开已有的工作簿 Excel4.xlsx，完成下列操作：

①在"成绩表"中创建嵌入的簇状柱形图，比较前 3 位学生数学和英语两门课成绩，图表标题为"学生成绩图表"。

②编辑图表：

a. 移动、调整图表到合适的位置和大小，并将图表类型改为三维簇状柱形图。

b. 删除图表中的"英语"系列,添加"物理"和"总分"数据系列进行比较。

c. 为图表添加横坐标轴标题"姓名"及纵坐标轴标题"分数"。

d. 为图表中的"总分"增加显示值,并在最高总分的上面做出"第一名"标记。

③格式化图表:

a. 将标题"学生成绩图表"设置为加粗、14号字,加双下画线。

b. 将横坐标轴标题"姓名"和纵坐标轴标题"分数"设置为加粗、10号字,将"分数"竖排方向显示。

c. 将图标的字体大小设置为10号,图表区的字体大小设置为9号。

④对"成绩图"工作表进行如下页面设置并打印预览。

a. 设置页眉为"学生成绩表",居中显示。

b. 设置页脚为当前日期,靠右放置,靠左显示工作簿名称。

c. 调整页边距到合适的位置,使工作表数据和图表居中显示。

d. 执行打印命令查看设置效果。

⑤创建独立图表"图表1",使用饼图比较李艳枚同学各科成绩占总分的百分比,结果保留两位小数。

(5) Excel5.xlsx 操作

打开 Excel5.xlsx,完成下列操作:

①用公式完成应发工资的计算,保险金为基本工资的5%,利用公式计算出实发工资。

②在 C9~K9 中用公式计算基本工资~实发工资的总和。

③插入图表,数据以每个人的"姓名""实发工资"为依据,制作一个饼图。

(6) Excel6.xlsx 操作

打开 Excel6.xlsx,完成下列操作:

①将成绩表中的数据复制到 Sheet1、Sheet2 和 Sheet3 中。

②对 Sheet1 中的数据按性别(女生在前)及总分降序排序。

③在 Sheet2 中筛选出总分大于240的男生的记录。

④对 Sheet3 中的数据分类汇总。(要点:数据分类汇总前要先排序)

a. 按性别分别求出男、女生的各科平均分,结果保留1位小数。

b. 按性别分别统计英语最高分及总分最高分。

⑤保存。

(7) Excel7.xlsx 操作

打开 Excel7.xlsx,完成下列操作:

①计算"全年"工作表的"人数"列,数据为"上半年"与"下半年"相应数据之和(要求自动计算)。

②根据旅行社全年的数据做一个行为"旅行社"、列为"地区"、数据为"人数"的数据透视表。

③分别以旅行社和地区为分类字段进行两次全年的人数汇总。

4. 实训思考

比较数据透视表与分类汇总的不同用途。

2.5　使用 Excel 2016 实现学生成绩汇总统计实验

2.5.1　实验介绍

本次实验主要是通过前期所掌握的 Excel 操作知识，对学生成绩工作表进行汇总统计，并对工作表进行美化。

2.5.2　课内实验

1．实验名称

学生成绩汇总统计。

2．实验目的

①熟悉 Excel 2016 的各种操作。

②初步具备综合运用 Excel 的能力。

3．实验环境

①硬件环境：微型计算机。

②软件环境：Windows 10、Excel 2016。

4．实验内容

①Excel 2016 的基本操作。

②Excel 2016 公式与函数的使用。

③Excel 2016 的数据管理操作。

5．实验步骤

在"我的文档"中建立一个 Excel 工作簿，文件名为 chengji.xlsx，其中包含 5 个工作表，分别命名为：成绩表、信息表、排序表、筛选数据表、分类汇总表。按下列要求进行练习：

①在"成绩表"中建立图 2-85 所示"学生成绩表"，表格套用格式为"蓝色，表样式浅色 9"。

学生成绩表				
姓名	性别	语文	数学	物理
王小军	男	80	62	78
李正月	女	71	93	87
张宏明	男	86	89	66

图 2-85　学生成绩表

②在"学生成绩表"中的"姓名"前插入一列，列标题为"学号"，数据格式为"文本"，数据从 2016008 开始，按步长为 3 的等差数列由上至下填充。

③在"张宏明"一行下面追加一行，行标题为"平均成绩"，分别用公式对表中各科成绩求平均值；"物理"一列后面追加一列，标题为"总分"，用公式计算每位学生的总分。（以上计算数据均保留 1 位小数）

④在"平均成绩"一行下面追加二行标题分别为 "良好人数"和"良好比率"，用函数 COUNTIFS 分别统计各科成绩分布在 70～89.9 分的人数及良好比率。

⑤用柱形图表示三位学生的三门课成绩，用折线图表示三门课良好人数的分布情况。最终

效果如图 2-86 所示。

⑥在"信息表"中建立图 2-87 所示"学生信息表"。

⑦在"信息表"的"姓名"后面插入"年龄"和"年龄段"两列，用公式计算相应的年龄值（保留整数部分）。在"年龄段"列，利用 IF 函数按条件填入相应文字，条件为：年龄≥20岁的，填入"20 岁以上"，其他的填入"小于 20 岁"。最终效果如图 2-88 所示。

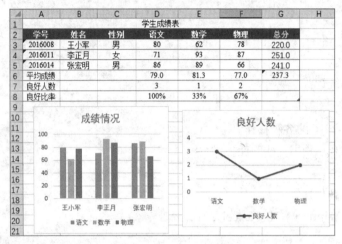

图 2-86 "成绩表"最终效果

学生信息表	
姓名	出生日期
王小军	2000-3-2
李正月	2002-11-3
张宏明	2001-2-7

图 2-87 学生信息表

学生信息表			
姓名	年龄	年龄段	出生日期
王小军	20	20岁以上	2000/3/2
李正月	17	小于20岁	2002/11/3
张宏明	19	小于20岁	2001/2/7

图 2-88 "学生信息表"最终效果

⑧将"成绩表"中的"学生成绩表"复制到"排序表"中。在"排序表"中将数据按语文成绩降序排序。

⑨对"信息表"中按以下的要求来设置表的格式：所有数据都设置对齐方式为水平、垂直居中，字体为 12 磅蓝色隶书。将表的外边框设定为蓝色双线，内部为红色单线。表格的底纹为黄色。

⑩对"成绩表"进行页面设置如下：纸张大小为 B5，方向为"横向"，页边距都设为 2 cm，内容在水平和垂直方向均居中。页眉：左边插入文件名及工作表标签；中部为"你的班级"；右侧为"你的姓名"。页脚：中部插入页码；右侧插入当前日期和时间。

⑪复制"学生成绩表"到"筛选数据表"中，并完成如下工作（会操作即可，不要求保存）：用"自动筛选"命令从全体学生中筛选出"物理"成绩位于前 2 名的学生的数据；用"自动筛选"命令从全体学生中筛选出姓"王"或姓"张"的学生的数据；用"自动筛选"命令从"总分"大于等于 240 分的学生中筛选出"语文"大于 80 分的同学的数据（分两步进行）。

⑫将"成绩表"中的"学生成绩表"复制到"分类汇总表"中，在"分类汇总表"中利用分类汇总命令按"性别"分别汇总出各科成绩的平均分。

6. 实验思考

①对数据库进行分类汇总前，必须先对作为分类依据的字段进行什么操作？

②如何用"条件格式"设置一组数据中大于或等于 80 的用红底黑字加粗显示？

2.5.3　课后实训

1. 实训名称

Excel 综合练习。

2. 实训目的

初步具备 Excel 综合运用能力。

3. 实训环境

①硬件环境：微型计算机。

②软件环境：Windows 10、Excel 2016。

4. 实训内容

姓名	学号	语文	数学	英语	物理	化学	总分	平均分	名次	总分差距	成绩等级
石朝霞	100920001	76	95	85	95	89					
王美杭	100920002	92	85	87	82	76					
王海东	100920003	76	70	70	76	85					
王聪	100920004	87	75	93	84	82					
唐甜	100920005	85	99	95	80	100					
方兴	100920006	90	97	98	90	97					
段昌序	100920007	73	74	52	67	75					
王鹏	100920008	79	58	89	71	68					
罗思思	100920009	86	87	90	98	96					
苏丽	100920010	83	90	76	86	90					
周季花	100920011	76	86	65	73	79					
蒋阁	100920012	82	80	87	89	95					
罗得意	100920013	87	95	79	86	85					
各科最高分：											
各科最低分：											
各科及格率：											
各科优秀率：											

期末考试成绩统计表

①输入数据：按照上表所示输入表格数据，设置单元格格式、边框。

②统计"总分"：使用求和函数 SUM，计算各同学语文、数学、物理、化学、英语 5 科成绩之和。

③统计"平均分"：使用求平均值函数 AVERAGE 计算各同学的平均分。

④排定名次：首先使用 Excel 2016 排序功能按各位同学总分从高到低进行排序，排列在最前面的同学即为最高分者，名次为 1，然后使用填充功能用数字 1～13 进行填充。即得到各位同学名次，最后再按"学号"进行排序，使表格恢复到原来的排列次序。

⑤计算"总分差距"，总分差距即为当前同学的总分减去全班的最高总分。在引用最高总分时可使用绝对引用，以避免复制公式时产生错误。

⑥统计"各科最高分"和"各科最低分"：使用求最大值函数 MAX 和求最小值函数 MIN 统计语文、数学、英语、物理、化学各科成绩的最高分和最低分。

⑦统计"各科及格率"和"各科优秀率"：使用 COUNTIF 函数和 COUNT 函数计算各科成绩的及格率和优秀率。其中 COUNTIF 函数用于统计各科及格（≥60）和优秀（≥90）人数，COUNT 函数用于统计总人数。

⑧计算"成绩等级"：使用 IF 函数计算各位同学的成绩等级。共分为 3 个等级：优秀、良

好和差。判定为"优秀"等级的标准是：名次≤3；判定为"良好"等级的标准是：名次>3.and. 名次<10；判定为"差"等级的标准是：名次≥10。

⑨使用表格中的数据创建一个"姓名"和"总分"的三维簇状柱形图。为图表添加填充图案、更改坐标轴格式、插入数据标志、调整图表的位置和大小使图表更加美观。

⑩数据筛选：分别使用自动筛选和高级筛选方式筛选出"数学"大于或等于95并且"英语"大于90的记录。

5. 实训思考

对于 Excel 的数据图表，请思考独立式图表与数据源工作表之间的关系。

2.6　使用 PowerPoint 2016 制作演示文稿实验

2.6.1　实验介绍

PowerPoint 和 Word、Excel 等应用软件一样，都是 Microsoft 公司推出的 Office 系列产品之一，主要用于演示文稿的创建，即幻灯片的制作，可有效帮助演讲、教学，产品演示等。PowerPoint 能够制作出集文字、图形、图像、声音以及视频剪辑等多媒体元素于一体的演示文稿，把自己所要表达的信息组织在一组图文并茂的画面中，用于介绍公司的产品、展示自己的学术成果。

通过本实验熟练掌握 PowerPoint 2016 基本操作，如：如何启动和退出 PowerPoint 2016；如何新建、打开和保存演示文稿；了解 PowerPoint 2016 操作界面；熟悉 PowerPoint 2016 的视图方式；掌握如何在演示文稿中使用超链接和动作按钮以及修饰演示文稿、演示文稿的放映等知识。

2.6.2　知识点

1. PowerPoint 2016 的基本操作

（1）PowerPoint 2016 的启动

方法一：单击"开始"按钮打开"开始"菜单，在字母 P 开头的应用程序列表中找到 PowerPoint，单击即可启动 PowerPoint 2016。

方法二：双击桌面的快捷图标。

（2）PowerPoint 2016 的退出

方法一：点击窗口右上角的"关闭"按钮 。

方法二：按【Alt+F4】组合键。

作为好的习惯，在退出 PowerPoint 前应该将文稿进行保存。如果确实忘了这一步骤也没有关系，PowerPoint 会主动提示用户是否需要保存文稿，利用这个机会可以将文稿保存在存储器上。

（3）新建演示文稿

可通过以下方式新建演示文稿：

方法一：启动 PowerPoint 2016，单击"空白演示文稿"按钮建立新演示文稿，默认命名为"演示文稿1"，如图 2-89 所示，用户可在保存演示文稿时重新命名。

方法二：选择"文件"|"新建"命令，在"新建"窗口中单击"空白演示文稿"。

（4）打开已有的演示文稿

如果想打开一个已存在的文稿，可以选择"文件"|"打开"命令，单击"浏览"按钮，在打开的"打开"对话框中，选择已有文稿，并单击"打开"按钮，就可以打开已有的文稿了。

（5）保存演示文稿

方法一：选择"文件"|"保存"或"另存为"命令，在此，可以重新命名演示文稿及选择存放文件夹。

图 2-89　PowerPoint 2016 主界面

方法二：单击快速访问工具栏中的"保存"按钮。

2．PowerPoint 2016 的操作界面

启动 PowerPoint 2016 应用程序之后，就可以看到 PowerPoint 2016 的工作窗口，如图 2-89 所示，它主要由标题栏、快速访问工具栏、功能选项卡、功能区、"幻灯片/大纲"窗格、幻灯片编辑区、备注窗格、视图工具栏和状态栏等部分组成。

下面来介绍各部分的名称和功能。

标题栏：标题栏位于 PowerPoint 2016 工作窗口的顶端，它用于显示演示文稿名称和程序名称，最右侧的 3 个命令按钮分别用于对窗口执行最小化、最大化和关闭等操作。

快速访问工具栏：该工具栏上提供了最常用的"保存""撤销""恢复"命令，单击对应的命令可执行相应操作。如需在快速访问工具栏添加其他命令，可单击其后的 ▼ 按钮，在弹出的菜单中选择所需的命令即可。

功能选项卡：相当于菜单命令，它将 PowerPoint 2016 的所有命令集成在几个功能选项卡中，选择某个功能选项卡可切换到相应的功能区。

功能区：在功能区中有许多自动适应窗口大小的面板，不同的面板中又放置了与此相关的指令或列表框。

"幻灯片/大纲"窗格：用于显示演示文稿的幻灯片数量及位置，通过它可更加方便地掌握整个演示文稿的结构。在"幻灯片"窗格下，将显示整个演示文稿中幻灯片的编号及缩略图；在"大纲"窗格下列出了当前演示文稿中各张幻灯片中的文本内容。

幻灯片编辑区：是整个工作界面的核心区域，用于显示和编辑幻灯片，在其中可输入文字内容、插入图片和设置动画效果等，是使用 PowerPoint 制作演示文稿的操作平台。

备注窗格：位于幻灯片编辑区下方，可供幻灯片制作者或幻灯片演讲者查阅该幻灯片信息或在播放演示文稿时对需要的幻灯片添加说明和注释。

视图工具栏：位于工作窗口下方右侧，包含了视图切换按钮以及显示比例条等。

状态栏：位于工作窗口最下方，用于显示演示文稿中所选的当前幻灯片以及幻灯片总张数、幻灯片采用的模板类型等。

3. PowerPoint 2016 的视图方式

PowerPoint 2016 提供了 5 种视图方式，它们各有不同的用途，用户可以在"视图"|"演示文稿视图"找到，也可以在视图工具栏找到 5 种视图的切换快捷按钮，如图 2-90 所示。

（1）普通视图

普通视图是 PowerPoint 2016 最常用也是默认的视图方式，在该视图模式下用户可方便地编辑和查看幻灯片内容、添加备注内容等。在普通视图下，窗口由 3 个窗口组成：左侧的"幻灯片"缩览窗口。右侧上方的"幻灯片"窗口和右侧下方的备注窗口。

图 2-90　幻灯片视图切换方式按钮

（2）大纲视图

大纲视图和普通视图基本一致，只是左侧的"幻灯片"窗口变为"大纲"窗口，显示幻灯片中的文字内容，用户可以直接在大纲窗口中对文字进行编辑。

（3）幻灯片浏览视图

幻灯片浏览视图模式可以以全局的方式浏览演示文稿中的幻灯片，可在右侧的幻灯片窗口同时显示多张幻灯片缩略图，便于进行多张幻灯片顺序的编排，方便进行新建、复制、移动、插入和删除幻灯片等操作；还可以设置幻灯片的切换效果并预览。

（4）备注页视图

备注页视图与其他视图不同的是在显示幻灯片的同时在其下方显示备注页，用户可以输入或编辑备注页的内容，在该视图模式下，备注页上方显示的是当前幻灯片的内容缩览图，用户无法对幻灯片的内容进行编辑，下方的备注页为占位符，用户可向占位符中输入内容，为幻灯片添加备注信息。在备注页视图下，按【PageUp】键可上移一张幻灯片，按【PageDown】键可下移一张幻灯片，拖动页面右侧的垂直滚动条，可定位到所需的幻灯片上。

（5）阅读视图

阅读视图可将演示文稿作为适应窗口大小的幻灯片放映查看，视图只保留幻灯片窗口、标题栏和状态栏，其他编辑功能被屏蔽，用于幻灯片制作完成后的简单放映浏览，查看内容和幻灯片设置的动画和放映效果。通常是从当前幻灯片开始阅读，单击可以切换到下一张幻灯片，直到放映最后一张幻灯片后退出阅读视图。阅读过程中可随时按【Esc】键退出，也可以单击状态栏右侧的其他视图按钮，退出阅读视图并切换到其他视图。

4. 幻灯片的基本操作

用户可以轻松地添加、删除、移动或复制幻灯片，其方法是：

（1）添加幻灯片

在"开始"｜"幻灯片"功能组中单击"新建幻灯片"图标，将在当前幻灯片的后面新建一张默认版式的幻灯片。

在"开始"｜"幻灯片"功能组中单击"新建幻灯片"图标下的文字，在显示的版式列表中单击需要的版式，将在当前幻灯片的后面新建一张所选版式的幻灯片。

（2）删除幻灯片

在"幻灯片浏览"窗口选中要删除的幻灯片缩略图，按【Delete】键即可，也可以右击并在弹出的快捷菜单中选择"删除幻灯片"命令。

（3）移动幻灯片

在"幻灯片浏览"窗口中，用鼠标拖动幻灯片移到新的位置松开鼠标即可。

（4）复制幻灯片

在"幻灯片浏览"窗口选中要复制的幻灯片缩略图，右击并在弹出的快捷菜单中选择"复制幻灯片"命令，则在所选幻灯片之后插入与所选幻灯片相同的幻灯片。

5. 在演示文稿中使用超链接和动作按钮

和其他 Office 应用程序一样，PowerPoint 2016 也提供了"超链接"这一导航功能。这些超链接可以指向其他 PowerPoint 演示文稿，也可指向其他 Office 文档或 HTML 文档，还可以指向 Internet 上的 WWW 站点或 FTP 站点。

此外，PowerPoint 2016 还带有一些制作好的动作按钮，可以将这些动作按钮插入到演示文稿中并定义为超链接。动作按钮包括多种形状，如左箭头、右箭头等。通过使用这些非常容易理解的符号可以很方便地将幻灯片的放映跳转到下一张、上一张、第一张或最后一张幻灯片位置上。

无论是超链接还是动作按钮，在幻灯片放映中起的作用都是控制放映方向。通过使用超链接和动作按钮，可以实现同一份演示文稿在不同的情形下显示不同内容的效果。

（1）在演示文稿中建立超链接

在演示文稿中建立超链接的操作步骤如下。

①定位到用来建立超链接的幻灯片。

②选择"插入"选项卡"链接"功能组的"链接"命令，或右击并在弹出的快捷菜单中选择"超链接"命令，弹出图 2-91 所示的"插入超链接"对话框。

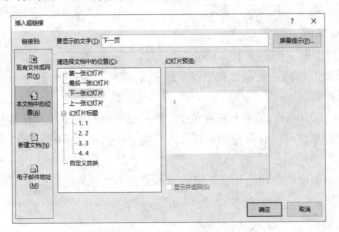

图 2-91　在幻灯片间建立链接

③在"要显示的文字"文本框中输入链接文字。

④在"链接到"列表中选择要链接的文档的类型，根据选择类型的不同，对话框中右面的窗口也有所不同，图中为选择了"本文档中的位置"后出现的选择列表。

⑤在列表中找出要链接的位置。

⑥如果需要设置提示信息，则单击"屏幕提示"按钮，在输入栏中输入所需文本。

⑦单击"确定"按钮完成超链接设置。

此时，建立了链接的文本下方会出现一条下画线，在播放幻灯片时，单击链接就可以打开链接目标。

（2）在演示文稿中使用动作按钮

在演示文稿中建立动作按钮的操作步骤如下：

①选定要设置动作按钮的幻灯片。

②选择"插入"选项卡"插图"功能组中的"形状"按钮，就打开预设的形状列表，在列表最下方有动作按钮，如图 2-92 所示。

图 2-92　使用动作按钮

③从列表中选取合适的按钮，这时鼠标指针变为十字形。

④在幻灯片中确定动作按钮的摆放位置，拖动鼠标，画出动作按钮，同时，打开"操作设置"对话框，如图 2-93 所示。这时的"超链接到"下拉列表框是激活状态，用以选择不同的链接位置。

⑤在"操作设置"对话框中，首先选择鼠标的操作方式，即"单击鼠标"或"鼠标悬停"方式，然后在"超链接到"下拉列表框中根据需要选取与"动作按钮"意义一致的链接位置，单击"确定"按钮关闭对话框。

⑥幻灯片中的"动作按钮"处于选中状态，在它四周有 8 个句柄和一个控制柄围绕着，表示可以对"动作按钮"进行调整。

⑦如需改变按钮的填充颜色、边框和形状效果，可通过窗口顶部的"绘图工具"进行设置。

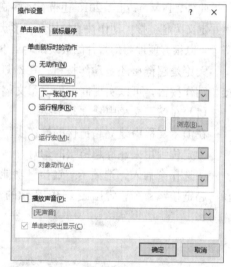

图 2-93　"操作设置"对话框

6．演示文稿的修饰

PowerPoint 的特色之一是演示文稿的所有幻灯片都具有一致的外观。为此，就需要有一些手段来对幻灯片的外观加以控制。

在 PowerPoint 2016 中，通常有三种最主要的控制手段，即母版、配色方案和设计模板。通过对这些功能的利用，可以有效控制幻灯片的外观，使演示文稿的风格与讲演内容更贴切，更具有吸引力。

以上这三种控制手段的作用是相互影响的。如果其中一种方案被改变，则另两种方案也会随之发生相应的变化。

（1）母版的设置

可以把母版看成是含有特定格式的一类幻灯片的模板。与普通的幻灯片一样，它也是由各种占位符组成的，通过对这些占位符设置不同的属性，就可以统一调整该类幻灯片内相应对象的特征属性。例如，改变标题母版中标题的字体、字形及字号等属性，并将设计好的母版应用到演示文稿中，就可以很方便地为整个文稿的所有标题设定统一的风格了。下面具体介绍 4 种母版的设置及应用。

①幻灯片母版。

幻灯片母版是所有母版的基础。幻灯片母版控制了文字的格式、文字的位置、使用项目符号的字号、配色方案以及演示文稿的每一张幻灯片中的图形项目。应用了幻灯片母版后，所有基于这一母版的幻灯片都将沿用母版中所设置的各项属性。幻灯片母版的设置方法如下：

a．打开或创建需要设置幻灯片母版的演示文稿。

b．单击"视图"选项卡，选择"母版视图"下的"幻灯片母版"命令，进入"幻灯片母版"视图，如图 2-94 所示。

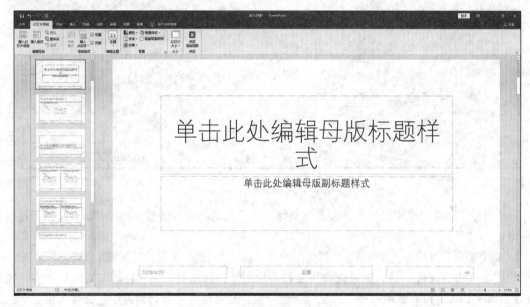

图 2-94　设置幻灯片母版

c．选择标题占位符可以修改主标题的字体和颜色，选择副标题占位符也可以修改副标题的字体和颜色，单击"幻灯片母版"选项卡"母版版式"功能组的"插入占位符"按钮下的文字，打开可插入的占位符列表，可在母版中插入各种占位符。

d．完成以上设置后，如果还希望在每一张幻灯片中都加上一些个性化的装饰，例如，自己设计的徽标，就可以像在普通幻灯片中插入图片一样，将徽标图形插入到幻灯片母版的适当位置即可，一个真正拥有个人风格的演示文稿母版就设计好了。

e．设置完成后，单击"母版"工具栏中的"关闭母版视图"按钮，或使用窗口左下角的视图切换按钮将视图切回到以前的视图方式，此时可看到当前的标题幻灯片已按设置好的格式显示。

②讲义母版。

为了让观众能更好地理解演示文稿的内容，可以将演示文稿中所有幻灯片的缩图，以及每一张幻灯片的内容都打印出来提供给他们。这些打印到纸上的文稿称为幻灯片讲义。一页讲义上可以包含多少张幻灯片内容，是由讲义母版决定的。讲义母版是专用来格式化讲义的，对演示文稿本身的格式并没有什么影响。

讲义母版的设置与标题母版和幻灯片母片的设置相似,在讲义母版中同样可以加入图形和文字对象。具体操作步骤如下:

a.单击"视图"选项卡,选择"母版视图"下的"讲义母版",进入讲义母版视图,如图 2-95 所示。

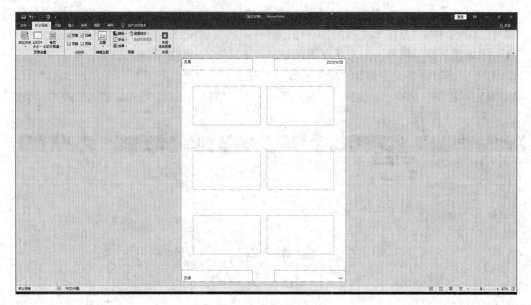

图 2-95　设置讲义母版

b.单击"每页幻灯片数量"可设置讲义每页上显示的幻灯片张数,图 2-95 为选择了每页显示 6 张的结果。

c.如有需要,可单击"占位符"功能组中的"页眉""页脚"选项,对页眉和页脚进行设置。

设置好"讲义母版"后,就可以将讲义打印输出了。打印时,在"打印"对话框中有一项"打印内容",从下拉列表中选择"讲义",然后在"每页幻灯片数"列表中选择每张讲义上的幻灯片数量和方式,就可以预览打印的效果了。

③备注母版。

备注母版用于格式化演示文稿中所有备注页幻灯片。操作步骤如下:

a.单击"视图"选项卡,选择"母版视图"下的"备注母版",进入备注母版视图,如图 2-96 所示。

b.单击"备注文本区",此时"备注文本区"的外围以粗框显示,表示处于编辑状态。

c.将鼠标指针置于粗框上的控制点,当鼠标指针变为双向箭头时,拖动鼠标可改变备注页框的大小,当鼠标指针置于粗框上其他位置且鼠标指针为十字时,拖动鼠标可改变备注框的位置。

d.分别选中"备注文本区"内的各级文本,设置它们的字体、字形、字号以及效果、颜色等。如有需要,可在备注页上添加其他对象,如剪贴画等。

e.单击"母版"工具栏中的"关闭母版视图"按钮,完成备注母版的设置。

(2)使用配色方案

配色方案是一组可用于演示文稿中各类对象或组件的预设的颜色组合。PowerPoint 2016

提供了通过设置母版改变演示文稿的配色方案和背景，以及对个别幻灯片进行单独配色这样两个功能。

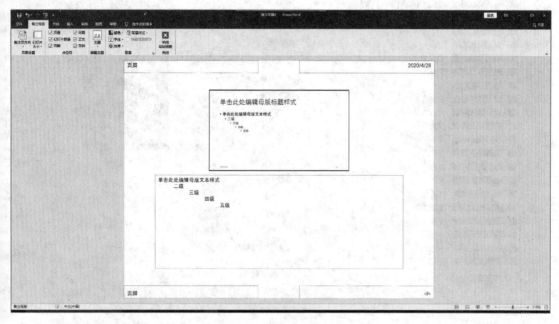

图 2-96　设置备注母版

配色方案用于定义演示文稿中各组件将采用的颜色，例如文本、背景、填充以及强调文字所用的颜色等。选择了某种方案，方案中的每种颜色就会自动应用于幻灯片上的不同组件。选择的配色方案既可应用于整份演示文稿也可用于个别幻灯片。

①用标准配色方案。

标准配色方案是系统给出的各种颜色组合，如图 2-97 所示。每种组合都定义了幻灯片中 8 类组件所用的颜色。使用标准配色方案的方法如下：

a. 新建演示文稿，或者打开已有的演示文稿。

b. 选择"设计"选项卡，在"变体"功能组中单击颜色列表右侧的"▼"按钮，在打开的菜单中选择"颜色"，就会显示配色方案。

c. 从多种配色方案中选择所需方案，在文稿中可看到所选择的效果。

②自定义配色方案。

在 PowerPoint 2016 中，系统允许用户按照个人喜好修改预设的配色方案，并将其添加到标准配色方案中。更改配色方案的方法如下：

a. 在图 2-97 所示的颜色列表框的下部单击"自定义颜色"命令，打开"新建主题颜色"对话框，如图 2-98 所示。

b. 在"新建主题颜色"对话框中选中需要更改颜色的组件，单击下拉按钮，在下拉菜单中根据需要选择合适的颜色。

c. 如果对所设计的颜色方案非常满意，单击"保存"按钮，将该颜色方案保存起来，该方案将会出现在图 2-97 所示颜色列表的顶部。

图 2-97　应用标准配色方案

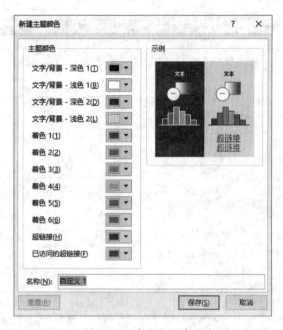

图 2-98　自定义配色方案

③设置幻灯片的背景。

除了可以应用配色方案来改变幻灯片中各组件的颜色外，还可以通过添加背景的方法对幻灯片加以修饰。背景样式包括深色和浅色两种，会随用户当前所选择的主题样式的变化而变化。

设置幻灯片或母版的背景方法如下：

a．打开要更改背景的幻灯片母版或文稿。

b．选择"设计"选项卡，在"变体"功能组中单击颜色列表右侧的" ▼ "按钮，在打开的菜单中选择"背景样式"命令，从展开的库中选择内置的背景样式，如图 2-99 所示。

c．默认是应用于所有幻灯片，若只需把样式应用于某张幻灯片，则需先选中该幻灯片，在背景样式上右击，在弹出的快捷菜单中选择"应用于所选幻灯片"命令即可，如图 2-100 所示。

d．在背景列表中选择"设置背景格式"命令，窗口右侧将出现"设置背景格式窗格"，可对背景的颜色和图案进行更多的设置。

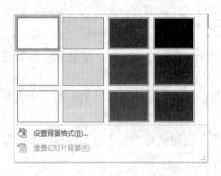

图 2-99　改变幻灯片的背景

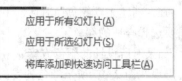

图 2-100　选择背景应用范围

④主题的使用。

对于缺乏 PowerPoint 设计经验的人来说，使用系统提供的设计主题应当说是一种明智之举。因为这些主题都是由 PowerPoint 的专业人员设计的，外形美观，布局合理，非常具有吸引力，如能巧妙地运用这些主题，将使设计既快捷，又能达到一定的专业水准。

在演示文稿中应用一种设计主题时，新主题的母版和配色方案将取代原文稿的母版和配色方案。而且不论采用何种自动版式，新添加的幻灯片与其他所有幻灯片一样，在外观上保持一致的风格。

如对自己的设计感到很满意，希望能够保留这种演示文稿的制作风格，并在以后的制作中使用，系统允许将文稿作为设计主题保存起来备用。

要使用主题，选择"设计"选项卡，在"主题"功能组中显示了 PowerPoint 2016 提供的主题，将鼠标指针移动到某个主题上，即可在当前幻灯片上预览该主题的效果，选择一个主题后，所有幻灯片自动转换成主题样式。

若想将主题样式只应用于选定的幻灯片，首先选择需应用主题样式的幻灯片，再在选择的主题样式上右击，在弹出的快捷菜单中选择"应用于选定幻灯片"命令即可。

若要将自己设计的幻灯片作为主题保存，单击主题列表右侧的"▼"按钮，在打开的列表中选择底部的"保存当前主题"命令，将会打开"保存当前主题"对话框，输入保存的文件名，单击"保存"按钮保存当前主题。需要注意的是，如果希望在 PowerPoint 主题列表中显示保存的主题，保存的路径不能修改。

7．幻灯片的动画

PowerPoint 2016 为用户提供了进入、强调、退出等几十种内置动画效果，用户可以通过为对象添加、更改与删除动画效果的方法来增加对象的互动性与多彩性。

（1）添加动画效果

选择幻灯片中的对象，选择"动画"选项卡，在"动画"动能组中显示了内置的动画效果，单击右侧下拉按钮展开动画列表如图 2-101 所示。动画效果分为"进入""强调""退出""动作路径"四类，单击需要的动画效果，幻灯片中的对象就添加了相应的动画效果，并会自动演示该动画效果。

图 2-101　动画效果列表

添加动画效果后，幻灯片的左上角会出现数字 1，表示该幻灯片有一个动画效果，继续给其他对象添加动画效果，数字会依次增加，这个数字也表示动画播放的顺序。

（2）更改动画效果

当对象设置了动画效果后，如果需要更改动画效果，只需选中对象，在动画效果列表中选择其他的动画就可以更改动画效果。

（3）删除动画效果

当用户不再需要动画效果时，选中对象，在动画列表中选择"无"就可以删除对象的动画效果。

（4）动画的高级设置

为对象添加动画效果后，还可以对动画进行更多设置。

选中设置了动画的对象，可在"动画"功能组的右侧通过"效果选项"按钮设置，不同的动画效果有不同的设置内容，比如"浮入"可以选择"上浮"还是"下浮"。

在"高级动画"功能组中单击"动画窗格"按钮打开"动画窗格"，如图 2-102 所示，在该窗格中可以调整动画播放的顺序，还可以预览动画的效果。

在"计时"功能组中可设置动画"开始时间""持续时间""延迟"等。

图 2-102　动画窗格

8. 幻灯片的切换效果

（1）添加切换效果

切换效果是一张幻灯片过渡到另一张幻灯片时所用的效果。选择要设置切换效果的幻灯片，选择"切换"选项卡，在"切换到此幻灯片"中显示了内置的切换效果，选择需要的切换效果即可，添加了切换效果的幻灯片在"幻灯片浏览"窗口的幻灯片编号下会出现五角星的标记。

（2）设置切换效果

选择切换效果后，还可以对切换效果进行设置。

使用"切换到此幻灯片"功能组右侧的"效果选项"按钮可对切换效果进行设置，不同的切换效果有不同的设置内容，比如"跌落"可以设置"向左"还是"向右"。

在"计时"功能组可以设置切换的"声音""持续时间""换片方式"等，单击"应用到全部"按钮，可将所有幻灯片的切换效果设置为当前的切换效果。

9. 演示文稿的放映

制作幻灯片的最终目的，是在计算机屏幕上进行放映，或者是制成投影片在投影仪上使用。在正式投入使用之前，应该全面检查是否有疏漏或需要改进的地方，这时可使用"幻灯片浏览"视图。在幻灯片浏览视图下，可以同时浏览多张幻灯片，并且可以很方便地移动、删除幻灯片或为幻灯片添加动画效果，因而使用幻灯片浏览视图是组织演示文稿的最佳途径。有关"幻灯片浏览视图"前面已有所介绍，这里不再重复。幻灯片调整完毕后，就可以考虑播放了。

（1）幻灯片的简单放映

简单放映是指从文稿中某张幻灯片起，顺序放映到最后一张幻灯片为止的放映过程。它是相对于增加了切换效果、动画效果及各种控制的放映方式而言的。

进行简单放映的操作步骤如下：

①打开要播放的演示文稿，选择要放映的第一张幻灯片。

②单击　"幻灯片放映"按钮 ，即开始放映。

放映时，如想显示下一张幻灯片，单击当前幻灯片或者按【Enter】键或【PageDown】键；如想回到前一张幻灯片，可以右击当前幻灯片，在弹出的快捷菜单中选择"上一张"命令，或者按【PageUp】键来实现；如想中断当前幻灯片的放映，按【Esc】键即可。另外，使用键盘上的方向键也可以完成前后翻页的操作。

（2）幻灯片放映的控制

PowerPoint 2016 提供了三种放映演示文稿的方式。可以根据演讲时的实际放映环境采用不同的放映方式。具体设置方法如下：

①选择"幻灯片放映"|"设置"|"设置幻灯片放映"命令，打开"设置放映方式"对话框，如图 2-103 所示。

图 2-103　"设置放映方式"对话框

②在"放映类型"中有三种放映方式，可根据需要做出选择：

a．演讲者放映（全屏幕）。

如放映过程是在演讲者控制下进行，可以选此选项。选择此选项可运行全屏显示的演示文稿，是最常用的方式。此时演讲者具有完整的控制权，并可采用自动或人工方式进行放映；演讲者可决定放映速度和换片时间，将演示文稿暂停，添加会议细节或即席反应；还可以在放映过程中录下旁白。如果希望演示文稿自动放映，则可以使用"设置"功能组的"排练计时"命令来设置放映时间，让其自动播放。

b．观众自行浏览（窗口）。

有些时候，演示可以由观众自己动手操作，如展览或新品发布的现场，在这种情况下可选择此项。演示时，幻灯片在屏幕上的一个窗口内播放，制作者可以在窗口中自行定义菜单和命令，去除那些容易引起观众误操作的命令设置。

c．在展台浏览（全屏幕）。

选择此选项可自动运行演示文稿，而不需要专人播放。设置该种方式后，除了能使用鼠标单击超链接和动作按钮外，大多数控制失效，观众就不会随意改动演示文稿。当自动运行的演示文稿播放到结尾，或某张被人工干预后的幻灯片已经闲置 5 min，它就会自动重新开始播放。

③选择放映类型后，根据需要再设定幻灯片的播放范围。在"放映幻灯片"栏中选择全部或其中一部分进行放映。

2.6.3 课内实验

1. 实验名称

用 PowerPoint 制作演示文稿。

2. 实验目的

①掌握 PowerPoint 的基本编辑技术。

②熟悉向幻灯片中添加对象的方法。

③掌握给幻灯片添加动画、设置动作按钮的方法。

④掌握幻灯片放映效果的设置。

3. 实验环境

①硬件环境：微型计算机。

②软件环境：Windows 10、PowerPoint 2016。

4. 实验内容

要求：制作图 2-104 所示的演示文稿。

5. 实验步骤

（1）启动 PowerPoint 程序

操作步骤如下：

单击"开始"按钮打开"开始"菜单，在字母 P 开头的应用程序列表中找到 PowerPoint，单击即可启动 PowerPoint 2016。

（2）新建演示文稿

操作步骤如下：

①选择"设计"｜"主题"命令，在主题中选择"基础"主题。

②在窗口左侧的"大纲"窗格选中第一张幻灯片后，按【Enter】键可以依次产生 4 张新的幻灯片。

（3）编辑第 1 张幻灯片（包含有艺术字、页脚、幻灯片编号）

操作步骤如下：

①选择"插入"｜"艺术字"命令，选择一种艺术字样式，并编辑内容"我的大学生活"。

②在副标题占位符中输入"张明明"。

③选择"插入"｜"页眉和页脚"命令，在打开的对话框（见图 2-105）中设置幻灯片编号和页脚信息。

（4）编辑第 2 张幻灯片（包含项目符号、超链接）

操作步骤如下：

①输入标题，字体设置为宋体、54 号字、加粗、蓝色、居中。

②输入项目内容，字体设置为楷体、40 号、橙色。

③选定第一个项目内容，选择"插入"｜"链接"命令，单击"本文档中的位置"按钮，如图 2-106 所示，选择"幻灯片 3"，即创建了一个由"在校成绩表"到第 3 张幻灯片的超链接。

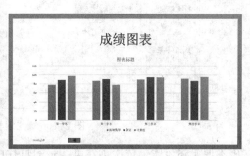

图 2-104　"我的简历"演示文稿

图 2-105　"页眉和页脚"对话框

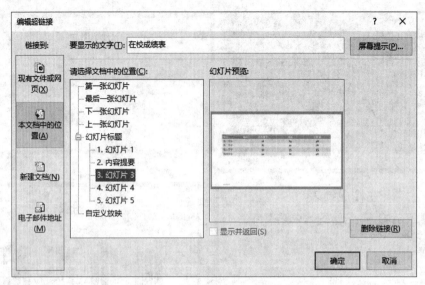

图 2-106 "编辑超链接"对话框

④参照上述步骤,依次创建第 2 张幻灯片中其余几个项目到第 4、5 张幻灯片的超链接。

(5) 编辑第 3 张幻灯片(包括标题、表格、动画)

操作步骤如下:

①输入标题"在校成绩表",并设置字体格式(同第 2 张幻灯片)。

②单击表格占位符,在弹出的对话框中设置为 5 行、4 列,创建表格。

③选择第一个单元格,单击"设计"|"表格样式"|"边框"|"斜下框线"按钮,输入表头和其他单元格的内容。

④选定整个表格,单击"布局"选项卡中的"居中"和"垂直居中"按钮,使单元格居中对齐。

⑤选定表格的第一列第 2~5 单元格,单击"表格工具"|"设计"|"表格样式"功能组中的"底纹"按钮,为单元格选定一种背景色。

⑥选择表格,在功能选项卡中选择"动画"命令,然后选择"添加动画"|"进入"|"随机线条"命令,即为表格的出现设置一个动画形式。

⑦选择"插入"|"形状"|"动作按钮"命令,在按钮列表中选择"后退"类型,然后在幻灯片的合适位置拖动鼠标即出现了一个动作按钮,同时打开"操作设置"对话框,如图 2-107 所示,设置动作为超链接到"内容提要"。

⑧单击动作按钮,选择"格式"|"形状样式"命令,可以设置按钮的颜色等。

(6) 编辑第 4 张幻灯片(包括标题、图表、动作按钮)

操作步骤如下:

①输入标题"成绩图表",并设置字体格式。

②单击占位符中"插入图表"按钮,打开"插入图表"对话框,选择簇状柱形图,单击"确定"按钮,同时出现一个数据表,更改数据表中的数据,使其与第 3 张幻灯片表格中的数据一致,然后关闭数据表。

③添加与前一张幻灯片相同的动作按钮。

图 2-107 按钮动作设置

(7) 编辑第 5 张幻灯片（包括标题、项目清单、动画、动作按钮）

操作步骤如下：

①输入标题和项目内容，并设置字体的格式。

②选定第一项内容，选择"动画"|"添加动画"，选择"浮入"的进入动画效果。

③用同样的方法为以下几项内容设置浮入的动画效果。

④在幻灯片右下角添加动作按钮，使其能链接返回到第 2 张幻灯片。

(8) 为演示文稿中的幻灯片设置水平百叶窗的切换方式

操作步骤如下：

选择"切换"|"切换到此幻灯片"|"百叶窗"命令，设置声音为"打字机"效果，单击"应用到全部"按钮。

(9) 保存演示文稿

选择"文件"|"保存"命令，将演示文稿命名为 intro.pptx，保存到存储器。

6．实验思考

如何在 PPT 中更改超链接的颜色？

2.6.4 课后实训

1．实训名称

设计幻灯片及幻灯片的放映。

2．实训目的

①掌握演示软件 PowerPoint 中母版的使用。

②掌握幻灯片背景设置方法及配色方案的使用。

③掌握幻灯片中动画方案及自定义动画的设置使用。

④掌握幻灯片的放映、切换效果设置及自定义放映的设置。

3. 实训环境

①硬件环境：微型计算机。

②软件环境：Windows 10、PowerPoint 2016。

4. 实训内容

训练内容：更改幻灯片设计模板，更改标题内容及格式；设置幻灯片播放效果，设置幻灯片背景，设置幻灯片的动画方案。

①新建幻灯片，创建至少5个页面，并添加文字内容。将所有幻灯片设计主题改为"切片"，并将所有幻灯片的切换效果设置为"立方体"，"自左侧"切换、以每隔5s自动换片。

②使用幻灯片母版，标题为华文彩云、54磅、加粗、浅绿色、居中；并在幻灯片左下部和右下部分别显示播放日期和幻灯片编号。

③按下列顺序，设置第3张幻灯片中各对象的显示方式：主体文本设置"飞入"进入效果，同时图片对象在前一项后1s，以"自底部"方式进入；然后标题设置的切换效果为逆时针完全旋转的"陀螺旋"的强调效果。

④将第2张幻灯片标题设置为华文彩云、54磅、黑色、居中；主体文本从左下部自动按字"飞入"。

⑤将第1张幻灯片标题设置"心形动作"的动画方案，并将第1张幻灯片中标题超链接改为当鼠标悬停，超链接到第3张幻灯片。

5. 实训思考

①如何自动放映PPT？

②在幻灯片中添加声音文件和CD乐曲，并将播放格式设为单击时播放。

③如何建立幻灯片中的对象与其他幻灯片的超链接？

④如何创建与当前母版风格不同的幻灯片？

⑤如何创建并保存自己喜欢的模板？

第3章 Internet 的应用

Internet，中文正式译名为因特网，是当前世界上规模最大的计算机互联网络。Internet 起源于美国军方 1969 年开始实施的 ARPANET 计划，其目的是建立分布式的、存活力极强的全国性信息网络。1972 年由 50 所大学和研究机构参与连接的 Internet 最早的模型 ARPANET 第一次公开向人们展示。20 世纪 70 年代末，ARPANET 成为 Internet 早期的主干。80 年代初，两个著名的科学教育网 CSNET 和 BITNET 先后建立。1984 年，美国国家科学基金会 NSF 规划建立了 13 个国家超级计算中心及国家教育科研网（NSFNET），替代 ARPANET 的主干地位。随后，Internet 开始接受其他国家和地区接入，逐步演变成一个拥有众多的商业用户、政府部门、机构团体和个人用户的综合的计算机信息网络。

当前，Internet 正以人们当初始料不及的惊人速度向前发展，正从各个方面逐渐改变人们的工作和生活方式。通过 Internet，人们可以随时了解世界各地的天气信息、新闻动态和旅游信息，可以足不出户在家里炒股、网上购物、视频聊天，享受远程的医疗和教育，等等。

本章将通过 5 个实验介绍 Internet 当前最重要的几个应用。

3.1 浏览器的使用实验

3.1.1 实验介绍

网页浏览器（Browser）是用来显示万维网（Web）或局域网等内的文字、图像及其他信息的客户端程序，是最常用的一种互联网资源访问工具。搜索引擎（Search Engine）是指根据一定的策略、运用特定的计算机程序从互联网上搜集信息，在对信息进行组织和处理后，为用户提供检索服务，将用户检索相关的信息展示给用户的系统。下载（Download）是指将互联网上的信息（文件）保存到本地计算机上的一种网络操作。本实验通过微软的 Microsoft Edge 浏览器、百度搜索引擎和文件下载的基本操作来介绍 Internet 信息浏览、检索与文件下载的方法。

3.1.2 知识点

1. 浏览器

（1）浏览器内核

浏览器最重要或者说核心的部分是 Rendering Engine，可译为渲染引擎，不过一般习惯将之称为"浏览器内核"。负责对网页语法的解释（如标准通用标记语言下的一个应用 HTML、JavaScript）并渲染（显示）网页。所以，通常所谓的浏览器内核也就是浏览器所采用的渲染引擎，渲染引擎决定了浏览器如何显示网页的内容以及页面的格式信息。不同的浏览器内核对网页编写语法的解释也有不同，因此，同一网页在不同内核的浏览器里的渲染（显示）效果也可能不同，这也是网页编写者需要在不同内核的浏览器中测试网页显示效果的原因。

①Trident（IE 内核）：该内核程序在 1997 年的 IE 4 中首次被采用，是微软在 Mosaic 代码的基础之上修改而来的，并沿用到 IE 11，也被普遍称作为"IE 内核"，但是 IE 内核无法在 Windows 操作系统之外的其他操作系统上使用，所以不能跨平台使用。

②Gecko（Firefox 内核）：Netscape 6 开始采用的内核，后来的 Mozilla Firefox（火狐浏览器）也采用了该内核。Gecko 的特点是代码完全公开，因此，其可开发程度很高，这也是 Gecko 内核虽然年轻但市场占有率能够迅速提高的重要原因。

③Webkit（Safari 内核，Chrome 内核原型，开源）：它是苹果公司自己的内核，也是苹果的 Safari 浏览器使用的内核。Webkit 也是自由软件，同时开放源代码，在安全方面不受 IE、Firefox 的制约，所以 Safari 浏览器在国内还是很安全的。

④Blink：它是一个由 Google 和 Opera Software 开发的浏览器排版引擎，这一渲染引擎是开源引擎 WebKit 中 WebCore 组件的一个分支，并且在 Chrome（28 及往后版本）、Opera（15 及往后版本）和 Yandex 浏览器中使用。

（2）Microsoft Edge

Microsoft Edge 是美国微软公司推出的一款网页浏览器，其内置于 Windows 10 操作系统中，用以取代原来 Windows 操作系统中内置的 IE 浏览器。早期的 Edge 浏览器采用微软自己的 EdgeHTML 内核，2018 年 12 月 7 日，微软宣布将放弃基于 EdgeHTML 的 Microsoft Edge 的开发；2020 年 1 月 15 日，微软正式发布了基于 Google Chromium 开源项目的 Microsoft Edge。Edge 界面如图 3-1 所示。

（3）Google Chrome

Google Chrome 又称谷歌浏览器，是一个由 Google（谷歌）公司开发的免费网页浏览器。该浏览器基于开源软件撰写，包括 WebKit 和 Mozilla，目标是提升稳定性、速度和安全性，并创造出简单且有效率的用户界面。软件的名称来自于称为 Chrome 的网络浏览器图形用户界面（GUI），有 Windows、OS X、Linux、Android，以及 iOS 版本提供下载。Chrome 界面如图 3-2 所示。

图 3-1　Edge 界面

图 3-2　Chrome 界面

（4）Mozilla Firefox

Mozilla Firefox 是一个自由及开放源代码网页浏览器，使用 Gecko 排版引擎，支持多种操作系统，如 Windows、Mac OS X 及 GNU/Linux 等。Firefox 的开发目标是"尽情地上网浏览"和"对多数人来说最棒的上网体验"。由于该浏览器开放了源代码，因此还有一些第三方编译版供使用。Firefox 界面如图 3-3 所示。

（5）Safari

Safari 是苹果计算机的操作系统 Mac OS 中浏览器，用来取代之前的 Internet Explorer for Mac。Safari 使用了 KDE 的 KHTML 作为浏览器的计算核心。Safari 也是 iPhone 手机、iPod touch、iPad 平板电脑中 iOS 指定默认浏览器，与 Mac、PC 及 iPod touch、iPhone、iPad 完美兼容。2012 年 7 月 26 日，随着苹果的"山狮"系统发布，Windows 平台的 Safari 已经放弃开发。Safari 界面如图 3-4 所示。

图 3-3　Firefox 界面

图 3-4　Safari 界面

2020 年 4 月全球浏览器市场份额如图 3-5 所示。

Browser Version	Share
Chrome	69.18%
Edge	7.76%
Firefox	7.25%
Internet Explorer 11	5.18%
Safari	3.94%
Sogou Explorer	1.89%
QQ	1.78%
Opera	1.06%
Yandex	0.95%
UC Browser	0.37%

图 3-5　2020 年 4 月全球浏览器市场份额

（6）浏览器插件

插件是一种计算机程序，通过和应用程序如网页浏览器、电子邮件服务器的互动，插件可以替应用程序增加一些所需的特定功能。目前主流的浏览器都允许用户使用插件，以增强浏览器功能，如观看电影、Flash 动画或者运行 Java 小程序。最常安装的浏览器插件有 Adobe Flash 播放器和 Java 运行环境（JRE）。另外，还有使浏览器能调用 Adobe Acrobat 的插件、RealPlayer 的插件等。

2. 搜索引擎

搜索引擎（Search Engine）是指根据一定的策略、运用特定的计算机程序从互联网上采集信息，在对信息进行组织和处理后，为用户提供检索服务，将用户检索相关的信息展示给用户的系统。从功能和原理上搜索引擎大致被分为全文搜索引擎、元搜索引擎、垂直搜索引擎和目录搜索引擎等 4 类。全文搜索引擎是利用爬虫程序抓取互联网上所有相关文章予以索引的搜索方式，一般网络用户适用于全文搜索引擎。这种搜索方式方便、简捷，容易获得所有相关信息。全文搜索引擎的主要代表有 Google（国外）和百度（国内）。

百度是全球最大的中文搜索引擎，是中国最大的以信息和知识为核心的互联网综合服务公司，更是全球领先的人工智能平台型公司。2000 年 1 月 1 日创立于中关村，公司创始人李彦宏拥有"超链分析"技术专利，也使中国成为美国、俄罗斯和韩国之外，全球仅有的 4 个拥有搜索引擎核心技术的国家之一。百度搜索引擎的入口：https://www.baidu.com。百度公司 logo 如图 3-6 所示。

3. Edge 浏览器操作示例

（1）Edge 的启动和退出

①启动 Edge：单击桌面左下角"开始"按钮右侧的 Edge 浏览器图标，如图 3-7 所示，就可以启动 Edge 浏览器。

图 3-6 百度公司 logo

图 3-7 Edge 浏览器图标

②退出 Edge：单击 Edge 浏览器窗口右上角的"关闭"按钮。

（2）设置 Edge 浏览器启动页面

①如图 3-8 所示，单击 Edge 右上角的"…"按钮，选择"设置"命令，打开"设置"页面。

②在页面左边选择"启动时"，右边选中"打开一个或多个特定页面"，如果页面列表中有页面可以编辑页面地址，也可以单击"添加新页面"按钮添加更多的启动页面。这是将百度的网址"https://www.baidu.com"添加到页面列表中，如图 3-9 所示。

③关闭 Edge 浏览器并重新启动，Edge 浏览器启动后将自动打开百度主页。

（3）浏览 Internet 站点

①在地址栏中输入待浏览网站的 URL（如 https://www.qq.com），输入完毕后按【Enter】键。操作示例如图 3-10 和图 3-11 所示。

图 3-8 选择"设置"命令

图 3-9 设置 Edge 浏览器主页

图 3-10 地址栏输入 URL

图 3-11 腾讯网站首页

②在打开的网站（网页）中移动鼠标，当鼠标指针变为手形指针时单击，打开鼠标指向的超链接（新的站点、网页或资源）。

（4）保存网页和网页图片

①在打开的网页中，单击 Edge 右上角的"···"按钮，选择"更多工具"│"将页面另存为"命令；在打开的"另存为"对话框中，选择保存位置，输入保存文件名，文件类型为"网页，单个文件（*.mhtml）"，然后单击"保存"按钮即可，如图 3-12 所示。

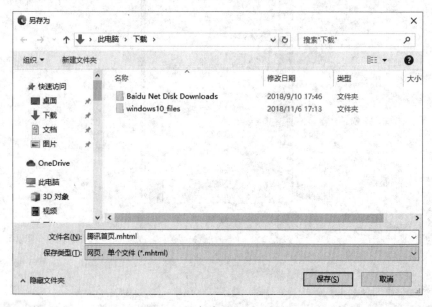

图 3-12　"保存网页"对话框

②打开百度的主页，将鼠标指针移动到百度 LOGO 上，右击并在弹出的快捷菜单中选择"将图像另存为"命令，如图 3-13 所示；然后在打开的"另存为"对话框中设置保存的路径和文件的名称，单击"保存"按钮。

图 3-13　保存网页图片

（5）下载文件

①在浏览器地址栏输入 https：//im.qq.com/download。

②在打开的网页中找到 QQ PC 版，单击"下载"按钮，Edge 浏览器将立刻开始下载该软件，浏览器底部会显示下载文件的名称和下载的大小以及剩余时间，如图 3-14 所示。

图 3-14　下载文件

③下载完成后，底部会出现"打开文件"链接，单击可马上打开文件。

④Edge 默认将文件下载到用户的"下载"目录中，如果希望设置文件的下载目录，打开"设置"页面，左边选择"下载"命令，在右边单击"更改"即可。如果选择"在下载之前询问每个文件的保存位置"，则在下载文件之前都会出现"另存为"对话框，可以设置文件保存的目录。

4．百度操作示例

（1）单关键词搜索

①在浏览器地址栏中输入 https：//www.baidu.com，打开百度首页。

②在搜索栏中输入要查询的关键字"中央电视台"，在输入过程中，百度会根据输入的文字自动显示相关的搜索关键字，网页中也会自动出现相关的搜索结果，如图 3-15 所示，可单击相应关键字获得相关的搜索结果。如果没有显示，也可输完文字后单击"百度一下"按钮。

图 3-15　百度网页搜索

③查看搜索结果，在搜索结果中单击"央视网"，进入中央电视台官方网站。

（2）多关键词搜索

①在搜索栏中输入要查询的多个关键字，中间用空格分隔，如输入"华为 小米"，百度会自动搜索与多个关键字相关的网页并显示。如果没有显示，也可输完文字后单击"百度一下"按钮。

②查看搜索结果，在搜索结果中选择感兴趣的链接，单击打开新的网页，查看网页信息。要注意搜索结果中有些是广告推广链接，如图 3-16 所示。

（3）图片搜索

①打开百度首页，将鼠标指针移动到网页顶部"更多"标签上，将会显示"更多产品"列表，如图 3-17 所示，单击"图片"链接，打开百度图片搜索页面。

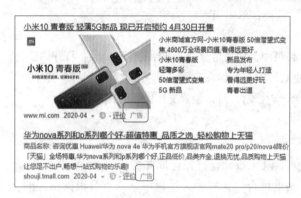

图 3-16　搜索结果中的广告推广　　　　　　图 3-17　百度更多产品列表

②在搜索栏中输入要查询的关键字"地球"，然后单击"百度一下"按钮。操作结果如图 3-18 所示。

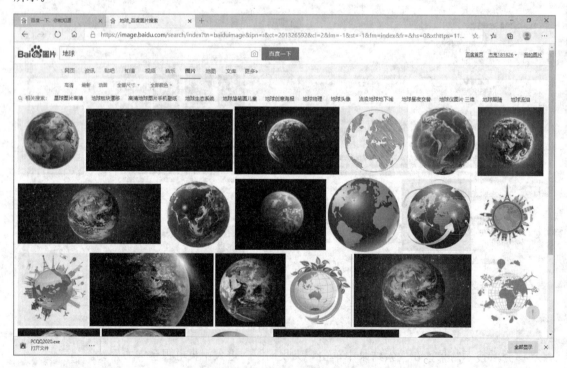

图 3-18　"地球"图片搜索结果

③查看搜索结果，可将显示的图片保存到本地，也可单击图片打开图片所在的网页。

（4）百度翻译

①打开百度首页，在图 3-17 所示列表中单击底部"查看全部百度产品"链接，将会显示百

度公司全部产品列表，如图 3-19 所示。单击"百度翻译"链接，打开百度翻译页面，如图 3-20所示。

图 3-19　百度全部产品列表

图 3-20　百度翻译页面

②在左边的方框中输入"Constant dropping wears the stone."，百度翻译会自动检测到输入的语言为英语，然后将相应的中文意思在右边的方框中显示出来，在下面会显示重点词汇和双语例句，结果如图 3-21 所示。

③在左边的方框中输入"亡羊补牢"，百度翻译会自动检测到输入的语言为中文，然后将相应的英文意思在右边的方框中显示出来，单击"英语"按钮，将会显示百度翻译能够翻译的语言列表，如图 3-22 所示，在列表中选择"日语"，将"亡羊补牢"翻译为日语，结果如图 3-23所示。

图 3-21　翻译结果

图 3-22　支持语言

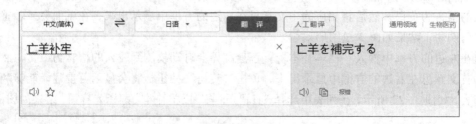

图 3-23　翻译为日语

5．Edge 浏览器插件操作示例

①单击 Edge 右上角的"…"按钮，选择"扩展"命令，打开"扩展"页面，如图 3-24 所示。

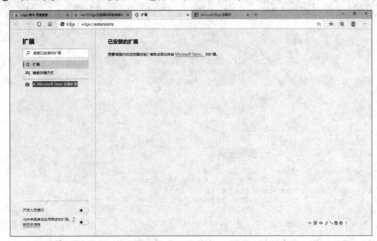

图 3-24　"扩展"页面

②在左侧单击"从 Microsoft Store 获取扩展"链接，打开微软商店显示插件列表，如图 3-25 所示。

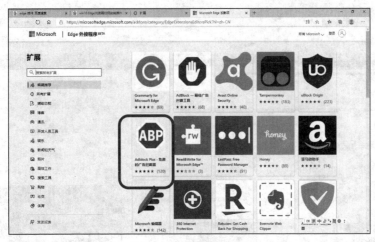

图 3-25　插件列表

③在列表中找到 Adblock Plus，或者在左侧搜索框中搜索 Adblock Plus。

④单击 Adblock Plus 图标进入该插件介绍页面，单击右上角"获取"按钮，会弹出 Edge 提示框。

⑤在提示框中选择"添加扩展"按钮，Edge 开始下载插件并安装，安装完成后会出现"安装成功"页面，如图 3-26 所示，在导航栏会出现插件的按钮。

⑥再次打开腾讯主页，如图 3-27 所示，该插件按钮旁会出现数字，表示在当前页面拦截的广告数量，与未安装插件前的图 3-11 进行对比，可以看到网页中被拦截的部分。

⑦再次打开"扩展"页面，在右边可以看到安装的 Adblock Plus 插件，可以通过插件下面的"删除"命令删除安装的插件，也可以关闭插件后的开关，使插件暂时不起作用。

图 3-26 安装成功页面

图 3-27 去掉了广告的腾讯首页

3.1.3 课内实验

1. 实验名称

Internet 信息检索与下载。

2. 实验目的

掌握 Edge 浏览器的基本操作；熟悉百度搜索引擎的使用方法；了解下载文件的操作方法；掌握浏览器插件安装方法。

3．实验环境

①硬件环境：微型计算机。

②软件环境：Windows 10 中文版、Edge 浏览器。

4．实验内容

①Edge 浏览器的基本操作。

②百度搜索引擎的基本用法。

③下载文件的基本操作。

④Edge 浏览器插件的基本操作。

5．实验步骤

（1）Edge 浏览器的基本操作

①熟悉 Edge 浏览器的窗口组成。

a．启动 Edge 浏览器。单击"开始"按钮右侧的 Edge 浏览器图标，启动 Edge 浏览器。

b．熟悉 Edge 的窗口组成。按照知识点的提示，找出地址栏、工作区（主窗口）、导航栏等窗口组成元素。

c．退出 Edge。单击 Edge 浏览器窗口标题栏右上角的"关闭"按钮。

②设置 Edge 窗口启动页。

a．单击 Edge 右上角的"…"按钮，选择"设置"命令，打开"设置"页面。

b．在左侧选择"启动时"命令。

c．在右侧选中"打开一个或多个特定页面"，单击"添加新页面"按钮，在文本框中输入 https：//www.baidu.com，单击"添加"按钮。

③浏览 Internet 站点。

a．在地址栏中输入待浏览网站的 URL（https：//www.qq.com），输入完毕后按【Enter】键。

b．在打开的网站（网页）中移动鼠标，当鼠标指针变为手形指针时单击，打开鼠标指向的超链接（新的站点、网页或资源）。

④保存网页和网页图片。

a．在打开的腾讯主页（https：//www.qq.com）窗口中，单击右上角的"…"按钮，选择"更多工具"|"将页面另存为"命令；在打开的"另存为"对话框中，选择保存位置，输入保存文件名，文件类型为"网页，单个文件（*.mhtml）"，然后单击"保存"按钮即可。

b．使用浏览器弹出央视网（https：//www.cctv.com）的主页，选择该主页上一个图片，右击并在弹出的快捷菜单中选择"将图像另存为"命令；然后在打开的"另存为"对话框中设置文件保存的路径和名称，单击"保存"按钮。

⑤下载文件：

a．在浏览器地址栏上输入 https：//www.360.cn。

b．单击打开的主页中的"立即体验"按钮，Edge 将立刻开始下载文件，窗口底部出现下载文件的名称、大小和剩余时间。

c．下载完成后单击底部"打开文件"命令。

（2）百度搜索引擎的基本用法

①单关键词搜索。

a．在浏览器地址栏中输入 https：//www.baidu.com，打开百度首页。

b．在搜索栏中输入要查询的关键字"工商银行"，在输入过程中，百度会根据输入的文字自动显示相关的搜索关键字，网页中也会自动出现相关的搜索结果。如果没有显示，也可输完文字后单击"百度一下"按钮。

c．查看搜索结果，在搜索结果列表中选择"中国工商银行中国网站"，单击进入"工商银行"官方网站。

②多关键词搜索。

a．在搜索栏中输入要查询的多个关键字"搜狗输入法 下载"，中间用空格分隔，百度会自动搜索与多个关键字相关的网页并显示。如果没有显示，也可输完文字后单击"百度一下"按钮。

b．查看搜索结果，在搜索结果列表中选择"搜狗输入法–首页"，进入搜狗输入法官网。

③图片搜索。

a．打开百度首页，然后单击右上角的"更多产品"按钮，选择"图片"，打开百度图片搜索页面。

b．在搜索栏中输入要查询的关键字"鲜花"，然后单击"百度一下"按钮。

c．查看搜索结果，可将显示的图片保存到本地，也可单击图片打开图片所在的网页。

④百度翻译。

a．打开百度首页，然后单击右上角的"更多产品"按钮，再单击"全部产品"链接，打开百度公司全部产品列表。单击"百度翻译"链接，打开百度翻译页面。

b．在左边方框中输入"Knowledge is power."，查看右边的翻译结果。

c．在左边方框中输入"失败是成功之母"，单击"英语"按钮，在语言列表中选择"俄语"，查看翻译结果。

（3）Edge 浏览器插件操作

①单击 Edge 右上角的"…"按钮，选择"扩展"命令，打开"扩展"页面。

②在左侧单击"从 Microsoft Store 获取扩展"链接，打开微软商店显示插件列表。

③在列表中找到 Adblock Plus，或者在左侧搜索框中搜索 Adblock Plus。

④单击 Adblock Plus 图标进入该插件介绍页面，单击右上角"获取"按钮，弹出 Edge 提示框。

⑤在提示框中选择"添加扩展"按钮，Edge 开始下载插件并安装，安装完成后会出现"安装成功"页面，在导航栏会出现插件的按钮。

⑥再次打开腾讯主页，该插件按钮旁会出现数字，表示在当前页面拦截的广告数量。

⑦再次打开"扩展"页面，取消选中 Adblock Plus 插件，使插件暂时不起作用，再次打开腾讯主页，对比前后页面的变化。

6．实验思考

①我们访问过的历史在哪里可以看到？

②百度搜索引擎能否将英文翻译为中文？

③浏览器为什么需要安装插件？

3.1.4 课后实训

1．实训名称

Internet 信息检索高级操作。

2．实训目的

熟悉 Edge 浏览器的配置；掌握百度搜索引擎的高级功能；了解 Edge 浏览器更多插件的功能。

3．实训环境

①硬件环境：微型计算机。

②软件环境：Windows 10 中文版、Edge 浏览器。

4．实训内容

①清除 Edge 浏览器的浏览历史记录。

②将浏览的网页添加到收藏夹。

③利用百度搜索引擎进行单位换算和汇率换算。

④使用百度搜索引擎搜索一部电视剧并在线观看。

⑤安装一个截图插件，利用该插件对电视剧进行截图。

5．实训思考

①百度还有哪些产品？

②国产浏览器是否有插件？

3.2　在线图像处理网站的使用实验

3.2.1　实验介绍

如今，智能手机已经很普及了，几乎达到人手一部的程度。随着技术的不断进步，手机上的相机的像素也是越来越高，已经达到了千万像素，拍出来的照片的效果也是越来越好，人们都很喜欢使用手机进行拍照。不过，不是每张照片都是令人满意的，所以很多时候需要使用图像处理软件对照片进行处理，也就产生了很多图像处理软件，比如 Photoshop。这些图像处理软件功能极其强大，能够做出各种效果，但是也是因为功能过于强大，一般人不容易掌握，而且价格也很昂贵，我们希望能有免费的、简单的图像处理软件。本实验通过访问在线图像处理网站掌握简单的图像处理方法。

3.2.2　知识点

1．数字图像

数字图像，又称数码图像或数位图像，是二维图像用有限数字数值像素的表示。数字图像由数组或矩阵表示，其光照位置和强度都是离散的。数字图像是由模拟图像数字化得到的、以像素为基本元素的、可以用数字计算机或数字电路存储和处理的图像。

2．像素

在由一个数字序列表示的图像中的一个最小单位称为像素。相机所说的像素，其实是最大像素的意思，像素是分辨率的单位，这个像素值仅仅是相机所支持的有效最大分辨率。它是由相机里的光电传感器上的光敏元件数目所决定的，一个光敏元件就对应一个像素，因此，像素越大，意味着光敏元件越多，相应的成本就越高。

3．RGB 色彩模式

RGB 色彩模式是工业界的一种颜色标准，是通过对红（R）、绿（G）、蓝（B）三个颜色通道的变化以及它们相互之间的叠加来得到各式各样的颜色的，RGB 即是代表红、绿、蓝三个通道的颜色，这个标准几乎包括了人类视力所能感知的所有颜色，是运用最广的颜色系统之一。计算机屏幕上的所有颜色，都是由红色、绿色、蓝色三种色光按照不同的比例混合而成的。一组红色、绿色、蓝色就是一个最小的显示单位。屏幕上的任何一个颜色都可以由一组 RGB 值来记录和表达。通常情况下，RGB 各有 256 级亮度，用数字表示为从 0、1、2 直到 255。按照计算，256 级的 RGB 色彩总共能组合出约 1 678 万种色彩，即 256×256×256=16 777 216。通常简称 1 600 万色或千万色。也称为 24 位色（2 的 24 次方）。

4．常用数字图像格式

（1）BMP

BMP 是英文 Bitmap（位图）的简写，它是 Windows 操作系统中的标准图像文件格式，能够被多种 Windows 应用程序所支持。这种格式的特点是包含的图像信息较丰富，几乎不进行压缩，但由此导致了它与生俱生来的缺点——占用磁盘空间过大。所以，目前 BMP 在单机上比较流行。

（2）GIF

GIF 的全称是 Graphics Interchange Format，可译为图形交换格式，用于以超文本标记语言（HyperText Markup Language）方式显示索引彩色图像，在因特网和其他在线服务系统上得到广泛应用。GIF 采用的是 Lempel-Zev-Welch（LZW）压缩算法，最高支持 256 种颜色。由于这种特性，GIF 比较适用于色彩较少的图片，比如卡通造型、公司标志等。GIF 允许一个文件存储多个图像，可实现动画功能，允许某些像素透明，从而可以做出任意形状的图片。

（3）JPEG

JPEG（Joint Photographic Experts Group）即联合图像专家组，是用于连续色调静态图像压缩的一种标准，文件扩展名为.jpg 或.jpeg，是最常用的图像文件格式。JPEG 格式的压缩率是目前各种图像文件格式中最高的。它用有损压缩的方式去除图像的冗余数据，但存在一定的失真。由于其高效的压缩效率和标准化要求，目前已广泛用于彩色传真、静止图像、电话会议、印刷及新闻图片的传送。

（4）PNG

PNG 是一种无损压缩的位图图形格式，其设计目的是试图替代 GIF 和 TIFF 文件格式，同时增加一些 GIF 文件格式所不具备的特性。PNG 最高支持 24 位真彩色图像以及 8 位灰度图像。PNG 可以为原图像定义 256 个透明层次，使得彩色图像的边缘能与任何背景平滑地融合，从而彻底地消除锯齿边缘。这种功能是 GIF 和 JPEG 没有的。

5．在线图像处理示例

（1）打开首页

在浏览器地址栏中输入 https://xiuxiu.web. meitu.com，打开"美图秀秀网页版"首页，如图 3-28 所示。该网站需要使用 Flash 插件，如果要正常访问需要安装最新版的 Flash 插件并且允许浏览器运行该插件。

（2）新建图片

单击"新建画布"按钮，打开"新建画布"对话框，如图 3-29 所示，设置图片的宽度、高度、背景色，然后单击"确定"按钮，就会创建一张空白图片，可以在该空白图片上进行各种创作。

图 3-28　"美图秀秀网页版"首页

图 3-29　"新建画布"对话框

（3）打开图片

①打开本地图片。

要打开本地保存的图片，可以在首页单击"打开一张图片"按钮，将会出现"打开"对话框，找到需要编辑的图片，单击"打开"按钮，图片就会上传到该网站并且打开该图片，如图 3-30 所示。

②打开网络图片。

要打开网络上的图片进行编辑，先找到想要编辑的图片所在的网页，在图片上右击，在弹

出的快捷菜单中选择"复制图像链接"命令，如图 3-31 所示，然后在"美图秀秀网页版"首页
单击"打开一张图片"后的下拉按钮，打开"打开网络图片"命令，打开"打开网络图片"对
话框，在文本框中右击，选择"粘贴"命令，将复制的图片链接粘贴到文本框中，再单击"确
定"按钮，就可以打开网页图片进行编辑了。

图 3-30　打开图片进行编辑

图 3-31　复制图像链接

（4）保存图片

图片编辑完成以后，单击"保存与分享"选项卡，打开"保存与分享"页面，如图 3-32 所示，可选择将图片直接分享到 QQ 空间、新浪微博等地方，单击"保存图片"按钮可以打开"另存为"对话框，设置保存的路径和文件名后单击"保存"按钮，图片就被保存到本地。

图 3-32　"保存与分享"页面

（5）美化图片

打开要美化的图片，单击"美化图片"选项卡，打开"美化图片"页面，如图 3-33 所示，页面上部可以看到美化图片操作分类有基础编辑、特效、文字、饰品、边框、场景、魔幻笔、涂鸦、局部处理和消除笔，选择不同分类，页面左侧会出现不同的美化项目。在图片的美化过程中，如果出现操作失误，可以单击页面右上角的"撤销"按钮，撤销最后一步操作，也可以单击"原图"按钮，将图片还原。

图 3-33　美化图片页面

①"基础编辑"分类中，功能包括一键美化、基础调整、色彩调整、旋转、裁剪、修改尺寸。利用该分类可以调整图片的亮度、对比度，设置红、绿、蓝三色的色彩平衡，旋转图片，裁剪图片等，图 3-34 是对图片进行裁剪后的结果。

②"特效"分类中，功能包括热门特效、基础特效、LOMO 特效、人像特效、时尚特效、艺术特效。利用该分类可以使图片快速生成各种特殊效果，图 3-35 是使用艺术特效中的写生素描效果。

③"文字"分类中，功能包括静态文字、漫画文字、文字模板。利用该分类可以在图片上添加文字。图 3-36 是在图片上添加静态文字的效果。

④"饰品"分类中，功能包括综合饰品、炫彩水印、搞笑表情、首饰盒子、服装配饰、其他饰品。利用该分类可以在图片上添加各种小饰品。图 3-37 是在图片上添加饰品的效果。

⑤"边框"分类中，功能包括炫彩边框、简单边框、纹理边框、撕边边框、轻松边框。利用该分类可以使图片拥有特别的边框。图 3-38 是使用炫彩边框的效果。

⑥"场景"分类中，功能包括节日场景、逼真场景、非主流场景、可爱场景、桌面场景、宝宝场景、明星场景、日历场景、其他场景。利用该分类可以将图片快速应用到某些特殊的场景。图 3-39 是将图片应用到逼真场景的效果。

⑦利用"魔幻笔"分类可以在图片上制作出一些特别的图案。图 3-40 是用"爱心"笔画出的效果。

⑧利用"涂鸦"分类可以在图片上任意画画，可以用线条、印章或者形状画画。图 3-41 是用形状画画的效果。

⑨"局部处理"分类中，功能包括背景虚化、局部马赛克、局部彩虹笔、局部变色笔。图 3-42 是使用背景虚化功能的效果。

⑩利用"消除笔"可以去掉图片中某些内容，图 3-43 是使用消除笔后的效果。

图 3-34　裁剪图片

图 3-35　写生素描特效

图 3-36　添加文字

图 3-37　添加饰品

图 3-38　炫彩边框

图 3-39　逼真场景

图 3-40　"爱心"笔效果

图 3-41　"涂鸦"功能

图 3-42　背景虚化

图 3-43　消除笔效果

3.2.3　课内实验

1．实验名称

在线图像处理网站的使用。

2．实验目的

掌握在线图像处理的基本操作。

3．实验环境

①硬件环境：微型计算机。

②软件环境：Windows 10 中文版、Edge 浏览器。

4．实验内容

在线图像处理网站的基本操作。

5．实验步骤

（1）打开首页

在浏览器地址栏中输入 https://xiuxiu.web.meitu.com，打开"美图秀秀网页版"首页。该网站需要使用 Flash 插件，如果要正常访问需要安装最新版的 Flash 插件并且允许浏览器运行该插件。

（2）新建图片

单击"新建画布"按钮，打开"新建画布"对话框，设置图片的宽度为 400 像素、高度为300 像素、背景色为"透明"，然后单击"确定"按钮，创建一张空白图片。

（3）添加文字

①单击"美化图片"选项卡，打开"美化图片"页面。

②选择"文字"分类，在页面左侧选择"静态文字"。

③在文本框中输入自己的姓名，字体选择"网络字体"|"微软雅黑"，效果选择第一行的第二个，单击"应用文字"按钮，在空白图片上添加姓名。

④在打开的"文字编辑框"中将透明度设置为 80%。

（4）保存图片

单击"保存与分享"选项卡，在文件名的文本框中输入"我的姓名"，文件类型选择 png，单击"保存"按钮打开"另存为"对话框，设置保存路径为 D 盘，单击"保存"按钮保存图片。

（5）打开图片

①利用百度搜索引擎在网络上搜索感兴趣的图片。

②打开图片所在的网页，在图片上右击，在弹出的快捷菜单中选择"复制图像链接"命令。

③打开"美图秀秀网页版"首页，单击"打开一张图片"后的下拉按钮，选择"打开网络图片"命令。

④在文本框中右击，在弹出的快捷菜单中选择"粘贴"命令，将复制的图片链接粘贴到文本框中，单击"确定"按钮，打开网页图片。

（6）美化图片

①单击"美化图片"选项卡，打开"美化图片"页面。

②选择"消除笔"分类，在页面左侧调整画笔大小，利用"消除笔"将图片中影响效果的部分消除掉，比如文字水印等。

③选择"魔幻笔"分类，在页面左侧选择"光晕"魔幻笔，用"光晕"魔幻笔在图片上画出"光晕"。

④选择"特效"分类，在页面左侧选择"时尚特效"|"拣光"，将透明度设置为 60%。

⑤选择"边框"分类，在页面左侧选择"轻松边框"，从"轻松边框"的列表中给图片选择一款边框。

⑥单击"保存与分享"选项卡，在文件名的文本框中输入保存的文件名，文件类型选择png，单击"保存"按钮打开"另存为"对话框，设置保存路径为 D 盘，单击"保存"按钮保存图片。

6．实验思考

①一幅图片上是否可以叠加多种特效？
②图片上的文字如何竖排？

3.2.4　课后实训

1．实训名称

在线图像处理网站的使用。

2．实训目的

了解在线图像处理网站的更多操作。

3．实训环境

①硬件环境：微型计算机。
②软件环境：Windows 10 中文版、Edge 浏览器。

4．实训内容

①使用"人像美容"工具对人物照片进行美颜。
②使用"拼图"功能将几幅图片拼接成一幅。
③使用"动画"功能制作人物动态表情。

5．实训思考

①同一幅图片分别使用 jpg 和 png 格式保存，哪种格式占用空间小？
②为什么动画表情只能保存为 gif 格式？

3.3　人工智能平台的使用实验

3.3.1　实验介绍

人工智能从诞生以来，理论和技术日益成熟，应用领域也不断扩大，可以设想，未来人工智能带来的科技产品，将会是人类智慧的"容器"。如今人工智能已经不再是少数科学家的专利了，全世界几乎所有大学的计算机系都有人在研究这门学科，学习计算机专业的大学生也必须学习这样一门课程，在大家不懈的努力下，如今计算机似乎已经变得十分"聪明"了。本实验通过使用在线 AI 开放平台了解人工智能应用的领域。

3.3.2　知识点

1．人工智能

人工智能（Artificial Intelligence，AI），是计算机科学的一个分支，它企图了解智能的实质，并生产出一种新的能以人类智能相似的方式做出反应的智能机器，该领域的研究包括机器人、语言识别、图像识别、自然语言处理和专家系统等。

2．强人工智能

强人工智能观点认为有可能制造出真正能推理（Reasoning）和解决问题（Problem_solving）的智能机器，并且，这样的机器将被认为是有知觉的，有自我意识的。可以独立思考问题并制定解决问题的最优方案，有自己的价值观和世界观体系，有和生物一样的各种本能，比如生存和安全需求，在某种意义上可以看作一种新的文明。

3．弱人工智能

弱人工智能是指不能制造出真正推理（Reasoning）和解决问题（Problem_solving）的智能机器，这些机器只不过看起来像是智能的，但是并不真正拥有智能，也不会有自主意识。主流科研集中在弱人工智能上，并且一般认为这一研究领域已经取得可观的成就。

4．专家系统

专家系统是一个智能计算机程序系统，其内部含有大量的某个领域专家水平的知识与经验，能够利用人类专家的知识和解决问题的方法来处理该领域问题。也就是说，专家系统是一个具有大量专门知识与经验的程序系统，它应用人工智能技术和计算机技术，根据某领域一个或多个专家提供的知识和经验，进行推理和判断，模拟人类专家的决策过程，以便解决那些需要人类专家处理的复杂问题。简而言之，专家系统是一种模拟人类专家解决领域问题的计算机程序系统。

5．机器视觉

机器视觉是人工智能正在快速发展的一个分支。简单说来，机器视觉就是用机器代替人眼来做测量和判断。机器视觉系统是通过机器视觉产品（即图像摄取装置，分 CMOS 和 CCD 两种）将被摄取目标转换成图像信号，传送给专用的图像处理系统，得到被摄目标的形态信息，根据像素分布和亮度、颜色等信息，转变成数字化信号；图像系统对这些信号进行各种运算来抽取目标的特征，进而根据判别的结果来控制现场的设备动作。

6．主要 AI 开放平台

百度 AI 开放平台（https：//ai.baidu.com）。

腾讯 AI 开放平台（https：//ai.qq.com）。

阿里精灵（https：//www.aligenie.com）。

网易人工智能（https：//ai.163.com/#/m/overview）。

京东人工智能开放平台（http://neuhub.jd.com）。

讯飞开放平台（https：//www.xfyun.cn）。

搜狗 AI 开放平台（https：//zhiyin.sogou.com）。

7．在线 AI 平台操作示例

（1）打开网站

在浏览器地址栏中输入 https：//ai.baidu.com，打开百度 AI 开放平台首页，如图 3-44 所示。

（2）查看平台能力

将鼠标指针移到网页顶部"开放能力"标签处，将会显示平台开放能力列表，如图 3-45 所示，将鼠标指针移到左侧列表项，将会显示出每项技术更详细的能力列表。

（3）使用 AI 技术

①植物识别。

a．将鼠标指针移到网页顶部"开放能力"标签处，显示出平台能力列表。

图 3-44　百度 AI 开放平台

图 3-45　百度 AI 平台能力

b. 选择左侧"图像技术",在展开的项目列表中选择"植物识别",打开"植物识别"页面,如图 3-46 所示。

c. 单击"功能演示"标签,到达网页功能演示区域,如果要识别的植物图片在本地,单击"本地上传"按钮打开"打开"对话框,找到图片文件,再单击"打开"按钮,本地图片将会上传到平台并且自动开始对图片中的植物进行识别,接着会显示识别结果,如图 3-47 所示。植物图片要清晰并且特征要明显,否则识别的结果可能错误。

图 3-46　"植物识别"页面

图 3-47　"植物识别"结果

②人像动漫化。

a．将鼠标移到网页顶部"开放能力"标签处，显示出平台能力列表。

b．选择左侧"图像技术"，在展开的项目列表中选择"人像动漫化"，打开"人像动漫化"页面，如图 3-48 所示。

c．单击"功能演示"标签，到达网页功能演示区域，如果要转换的人像图片在本地，单击"本地上传"按钮打开"打开"对话框，找到图片文件，再单击"打开"按钮，本地图片将会上传到平台并且自动开始对图片中的人像进行动漫化，动漫化结束后，可拉动图片中间的分界线，对比查看原图和动漫化后的图片，如图 3-49 所示。在图片上右击，在弹出的快捷菜单中选择"将图像另存为"命令，打开"另存为"对话框，可将动漫化的图片保存到本地。该功能演示只能将人像动漫成年轻人的样子。

图 3-48　"人像动漫化"页面

图 3-49　"人像动漫化"结果

③图片翻译。

a. 在浏览器地址栏中输入 https://ai.qq.com，打开腾讯 AI 开放平台首页，如图 3-50 所示。

b. 将鼠标指针移到网页顶部"技术引擎"标签处，显示出平台能力列表，如图 3-51 所示。

c. 在"能力列表"中选择"机器翻译"类别下的"图片翻译"打开"机器翻译"页面，如图 3-52 所示。

d. 向下拉动网页右侧滚动条到达功能体验区域，如果要翻译的图片在本地，单击"本地上传"按钮，打开"打开"对话框，找到图片单击"打开"按钮，图片就被上传到平台并且自动识别图片上的文字并进行翻译，识别的文字和翻译的结果显示在页面右侧，如图 3-53 所示。要注意的是，图片上的文字要清晰，一句话一行，否则可能识别错误或者翻译错误，该功能体验只能进行中英文的互译。

图 3-50 腾讯 AI 开放平台

图 3-51 腾讯 AI 平台能力列表

图 3-52 "机器翻译"页面

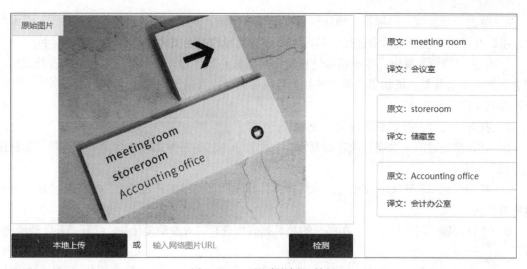

图 3-53　"图片翻译"结果

3.3.3　课内实验

1．实验名称

人工智能平台的使用。

2．实验目的

了解人工智能平台提供的服务，掌握人工智能平台的基本操作。

3．实验环境

①硬件环境：微型计算机。

②软件环境：Windows 10 中文版、Edge 浏览器。

4．实验内容

在线 AI 平台的基本操作。

5．实验步骤

（1）打开网站

在浏览器地址栏中输入 https：//ai.baidu.com，打开百度 AI 开放平台首页。

（2）查看平台能力

将鼠标指针移到网页顶部"开放能力"标签处，显示平台开放能力列表，用鼠标指针在左侧列表项上移动，查看每项技术更详细的能力列表。

（3）试用 AI 技术

①植物识别。

a．打开"百度"搜索引擎搜索植物图片。

b．打开感兴趣的植物图片所在的页面，在图片上右击，在弹出的快捷菜单中选择"复制图像链接"命令。

c．打开百度 AI 开放平台首页，将鼠标指针移到网页顶部"开放能力"标签处，显示出平台能力列表。

d．选择左侧"图像技术"，在展开的项目列表中选择"植物识别"，打开"植物识别"页面。

e. 单击"功能演示"标签，到达网页功能演示区域，在"请输入网络图片 URL"文本框中右击，在弹出的快捷菜单中选择"粘贴"命令将复制的植物图片链接粘贴到文本框中。

f. 单击"检测"按钮，系统根据链接将图片下载并且自动开始对图片中的植物进行识别，接着会显示识别结果。植物图片要清晰并且特征要明显，否则识别的结果可能错误。

②人像动漫化。

a. 打开"百度"搜索引擎搜索人像图片。

b. 打开感兴趣的人像图片所在的页面，在图片上右击，在弹出的快捷菜单中选择"复制图像链接"命令。

c. 打开百度 AI 开放平台首页，将鼠标指针移到网页顶部"开放能力"标签处，显示出平台能力列表。

d. 选择左侧"图像技术"，在展开的项目列表中选择"人像动漫化"，打开"人像动漫化"页面。

e. 单击"功能演示"标签，到达网页功能演示区域，在"请输入网络图片 URL"文本框中右击，选择"粘贴"命令将复制的人像图片链接粘贴到文本框中。

f. 单击"检测"按钮，系统根据链接将图片下载并且自动开始对图片中的人像进行动漫化，动漫化结束后，可拉动图片中间的分界线，对比查看原图和动漫化后的图片。

g. 在图片上右击，选择"将图像另存为"命令，打开"另存为"对话框，将动漫化的图片保存到本地。

③图片翻译。

a. 打开"百度"搜索引擎搜索含有英文的图片，要注意文字要清晰，且一句话一行。

b. 打开符合要求的图片所在的页面，在图片上右击，在弹出的快捷菜单中选择"复制图像链接"命令。

c. 在浏览器地址栏中输入 https://ai.qq.com，打开腾讯 AI 开放平台首页。

d. 将鼠标指针移到网页顶部"技术引擎"标签处，显示出平台能力列表。

e. 在"能力列表"中选择"机器翻译"类别下的"图片翻译"打开"机器翻译"页面。

f. 向下拉动网页右侧滚动条到达功能体验区域，在"输入网络图片 URL"文本框中右击，在弹出的快捷菜单中选择"粘贴"命令将复制的英文图片链接粘贴到文本框中。

g. 单击"检测"按钮，系统根据链接将图片下载并且自动识别图片上的文字并进行翻译，识别的文字和翻译的结果显示在页面右侧。

6. 实验思考

①画的植物可否识别？

②照片上有多人能否同时动漫化？

③中英文混合的图片能否翻译？

3.3.4 课后实训

1. 实训名称

人工智能平台的使用。

2. 实训目的

了解人工智能平台的更多操作。

3．实训环境

①硬件环境：微型计算机。

②软件环境：Windows 10 中文版、Edge 浏览器。

4．实训内容

①给黑白照片上色。

②将照片中的人与背景分离。

③将两张人脸照片融合成一张人脸图片。

④将文字转换成语音。

5．实训思考

①你在生活中是否使用过人工智能服务？

②人工智能比人聪明吗？

3.4　二维码的应用实验

3.4.1　实验介绍

　　二维码作为一种全新的信息存储、传递和识别技术，自诞生之日起就得到了世界上许多国家的关注。随着我国市场经济的不断完善和信息技术的迅速发展，国内对二维码这一新技术的需求与日俱增。二维码是一种比一维码更高级的条码格式。一维码只能在一个方向（一般是水平方向）上表达信息，而二维码在水平和垂直方向都可以存储信息。一维码只能由数字和字母组成，而二维码能存储汉字、数字和图片等信息，因此二维码的应用领域要广得多。本实验学习如何利用二维码保存各种信息，掌握二维码的应用。

3.4.2　知识点

1．条形码

　　条形码（barcode）是将宽度不等的多个黑条和空白，按照一定的编码规则排列，用以表达一组信息的图形标识符。常见的条形码是由反射率相差很大的黑条（简称条）和白条（简称空）排成的平行线图案。条形码可以标出物品的生产国、制造厂家、商品名称、生产日期、图书分类号、邮件起止地点、类别、日期等许多信息，因而在商品流通、图书管理、邮政管理、银行系统等许多领域都得到广泛的应用。

2．二维码

　　二维码（2-dimensional bar code）是用某种特定的几何图形按一定规律在平面（二维方向上）分布的、黑白相间的、记录数据符号信息的图形；在代码编制上巧妙地利用构成计算机内部逻辑基础的 0、1 比特流的概念，使用若干与二进制相对应的几何形体来表示文字数值信息，通过图像输入设备或光电扫描设备自动识读以实现信息自动处理。它具有条码技术的一些共性：每种码制有其特定的字符集；每个字符占有一定的宽度；具有一定的校验功能等。同时还具有对不同行的信息自动识别功能及处理图形旋转变化点。在二维码符号表示技术研究方面已研制出多种码制，常见的有 PDF417、QR Code、Code 49、Code 16K、Code One 等。

3. QR Code

目前常用的二维码编码为 QR Code 格式，是由日本 Denso 公司于 1994 年 9 月研制的一种矩阵二维码符号。QR 是英文 Quick Response 的缩写，即快速反应的意思，源自发明者希望 QR 码可让其内容快速被解码。QR 码呈正方形，只有黑白两色，在 4 个角落的其中 3 个印有较小的像"回"字的正方图案，这 3 个是供解码软件作定位用的图案，使用者无须对准，无论以任何角度扫描，资料仍可正确被读取。它具有一维条码及其他二维条码所具有的信息容量大、可靠性高、可表示汉字及图像多种文字信息、保密防伪性强等优点。

4. PDF417

PDF417 二维条码是一种堆叠式二维条码，是由美国 SYMBOL 公司发明的。PDF (Portable Data File) 的意思是"便携数据文件"。组成条码的每一个条码字符由 4 个条和 4 个空共 17 个模块构成，故称 PDF417 条码。 PDF417 条码需要有 417 解码功能的条码阅读器才能识别。PDF417 条码最大的优势在于其庞大的数据容量和极强的纠错能力。由于 PDF417 二维条码的容量较大，除了可将人的姓名、单位、地址、电话等基本资料进行编码外，还可将人体的特征如指纹、视网膜扫描及照片等个人记录存储在条码中，这样不但可以实现证件资料的自动输入，而且可以防止证件的伪造，减少犯罪。

5. 汉信码

汉信码是一种全新的二维矩阵码，由中国物品编码中心牵头组织相关单位合作开发，完全具有自主知识产权。和国际上其他二维条码相比，更适合汉字信息的表示，而且可以容纳更多的信息。汉信码支持 GB 18030 中规定的 160 万个汉字信息字符，并且采用 12 比特的压缩比率，每个符号可表示 12~2174 个汉字字符。在打印精度支持的情况下，每平方英寸最多可表示 7829 个数字字符，2174 个汉字字符，4350 个英文字母。汉信码还可以将照片、指纹、掌纹、签字、声音、文字等凡可数字化的信息进行编码。

6. 二维码防伪

通过二维码防伪系统生成与产品一一对应的加密的产品信息，并对每一个二维码都设置一个扫码累加计数器，将二维码印刷或标贴于产品包装上，用户只需通过指定的二维码防伪系统或手机软件进行解码检验，即可获知该产品上的二维码的第一次扫码时间是否为该验证者，来判断该产品是否是真品，从而达到放心购买和监督打假的作用。二维码可存储丰富的产品信息，通过加密不易被复制盗用，产品信息来自企业官方发布，查询渠道正规、专业，实现了产品信息防伪的高效性。

7. 二维码静态码、活码

二维码静态码是直接对文字、电话、网址等信息进行编码，最大容量是 1850 个英文字符或者 2710 个数字或者 1108 个字节或者 500 多个汉字，无须联网也能扫描显示；缺点是生成的二维码图案非常复杂，不容易识别和打印，容错率低，而且印刷后内容无法变更，无法存储图片和文件。

二维码活码是对一个分配的短网址进行编码，扫描后跳转到这个网址。这样将内容存储在云端，可以随时更新、可跟踪扫描统计，可存放图片视频、大量文字内容，同时图案简单易扫；缺点是扫描时必须联网。

8．二维码的操作示例

（1）文字生成二维码

①在浏览器地址栏中输入 https://cli.im，打开"草料二维码"网站，选择"文本"选项卡，如图 3-54 所示。

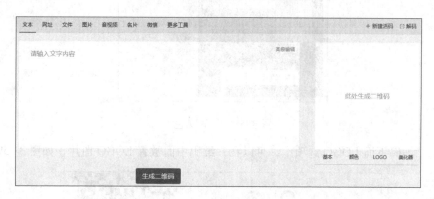

图 3-54　二维码生成网站

②在文本框中输入希望生成二维码的文字，如"计算机导论实验"，单击"生成二维码"按钮，在右侧将会生成二维码，如图 3-55 所示。

图 3-55　生成二维码

③单击二维码下面"基本"选项卡中"码制"后下拉按钮可以切换生成二维码的编码格式，如图 3-56 所示。

④单击"大小"后的下拉按钮可以调整生成二维码图片的大小，如图 3-57 所示。

图 3-56　选择码制

图 3-57　选择大小

⑤单击二维码下面"颜色"选项卡，可以设置二维码的颜色，如图 3-58 所示。

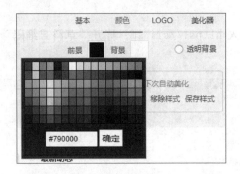

图 3-58　设置颜色

⑥单击二维码下面 LOGO 选项卡，可以在二维码中间放置 LOGO 图片，如图 3-59 所示。

图 3-59　设置 LOGO

⑦单击二维码下面"美化器"选项卡，再单击"快速美化器"按钮，打开快速美化器窗口对二维码进行美化设计，美化结果如图 3-60 所示。

⑧单击二维码下面的"保存图片"按钮，可将二维码图片下载到本地，默认图片格式是 png。

⑨单击"保存图片"按钮下面的"其他格式"链接，打开下载二维码窗口，如图 3-61 所示，可以下载更多尺寸和格式的二维码。

图 3-60　美化后的二维码

图 3-61　下载二维码

⑩获取二维码内容。在手机上安装具有二维码扫描功能的软件，如微信，进入扫描二维码功能界面，软件会自动打开手机里面的照相功能，将手机摄像头对准二维码图片，手机会自动进行二维码扫描并获取二维码内容，如图 3-62 所示。

（2）个人名片生成二维码

①在浏览器地址栏中输入 https://cli.im，打开"草料二维码"网站，单击右上角"免费注册"按钮打开注册窗口，使用手机号进行注册或者使用微信账号登录，如图 3-63 所示。

图 3-62　获取二维码内容

图 3-63　注册

②使用注册的账号登录草料二维码网站，登录后进入二维码管理系统，如图 3-64 所示，每个免费用户拥有 50 MB 的空间存放文件。

图 3-64　活码管理系统

③在左侧菜单中展开"二维码列表",单击"名片活码"选项,进入"名片活码"页面,如图 3-65 所示。

图 3-65　名片活码管理

④单击"新增名片"按钮,将会出现填写企业名称对话框,输入企业名称后,单击"确认"按钮,打开"添加协作人"对话框,如图 3-66 所示,可以根据需要选择添加方式。

⑤单击"单个添加"按钮进入创建名片页面,如图 3-67 所示,上传头像,输入相应的信息,然后单击"保存"按钮保存名片。

图 3-66　"添加协作人"对话框

图 3-67　创建名片

⑥保存名片后可以继续添加协作人,添加的人员将会列表显示出来,如图 3-68 所示,单击"操作"下的"二维码"可以看到名片的二维码活码,如图 3-69(a)所示,可直接下载二维码图片,也可美化后再下载。

⑦用手机扫描二维码结果如图 3-69(b)所示。该二维码为"活码",如果修改了名片中的信息或者修改了名片的样式,不需要修改二维码,扫描后的可直接看到最新的信息和样式。

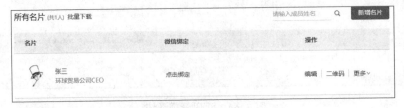

图 3-68　名片列表

(a)

(b)

图 3-69　名片二维码活码以及扫描结果

3.4.3　课内实验

1. 实验名称

二维码的基本操作。

2. 实验目的

掌握制作二维码的基本操作。

3. 实验环境

①硬件环境：微型计算机。

②软件环境：Windows 10 中文版、Edge 浏览器。

4. 实验内容

①文字生成二维码。

②个人名片生成二维码。

5. 实验步骤

（1）文字生成二维码

①在浏览器地址栏中输入 https://cli.im，打开"草料二维码"网站，选择"文本"选项卡。

②在文本框中输入要生成二维码的文字"计算机导论实验"，单击"生成二维码"按钮，在右侧生成二维码。

③单击二维码下面"基本"选项卡，切换到基本设置状态。

④单击大小后的下拉按钮调整生成二维码图片的大小为 370 px。

⑤单击二维码下面"颜色"选项卡，设置二维码的前景颜色和背景颜色。

⑥单击二维码下面 LOGO 选项卡，再单击"常用 LOGO"按钮，在二维码中间插入一个常

用 LOGO。

⑦单击二维码下面"美化器"选项卡，再单击"快速美化器"按钮，打开快速美化器窗口，利用快速美化器对二维码进行美化设计。

⑧单击二维码下面的"保存图片"按钮，将二维码图片下载到本地，默认图片格式是 png。

⑨在 Windows 资源管理器中找到下载的图片并打开。

⑩在手机上安装具有二维码扫描功能的软件，如微信，进入扫描二维码功能界面，软件会自动打开手机里面的照相功能，将手机摄像头对准二维码图片，手机会自动进行二维码扫描并获取二维码内容。

(2) 个人名片生成二维码

①在浏览器地址栏中输入 https://cli.im，打开"草料二维码"网站，单击右上角"注册"按钮打开注册窗口，使用手机号进行注册或者用微信号登录。

②使用注册的账号登录草料二维码网站，登录后进入二维码管理系统。

③在左侧菜单中展开"二维码列表"，单击"名片活码"按钮，进入"名片活码"页面。

④单击"新建名片"按钮，输入企业名称后单击"确认"按钮，打开"添加协作人"对话框。

⑤单击"单个添加"按钮进入创建名片页面，上传头像，输入相应的信息，然后单击"保存"按钮保存名片。

⑥保存名片后在名片列表中单击"操作"下的"二维码"看到名片的二维码活码。

⑦用手机扫描二维码活码查看结果。

6. 实验思考

①二维码有部分损坏还能否获得正确的内容？

②修改个人名片是否需要重新生成二维码？

③扫描二维码是否有危险？

3.4.4 课后实训

1. 实训名称

二维码的高级操作。

2. 实训目的

掌握二维码更多的应用。

3. 实训环境

①硬件环境：微型计算机。

②软件环境：Windows 10 中文版、Edge 浏览器。

4. 实训内容

①将图片制作成二维码。

②利用二维码传送文件。

③给二维码设置密码，扫描后需要密码才能获取内容。

5. 实训思考

①二维码有哪些日常的应用？

②如何加强二维码信息保护？

3.5　网络安全软件的使用实验

3.5.1　实验介绍

随着 Internet 的发展，人们已经越来越离不开网络了。除了台式计算机外，人们使用的笔记本电脑、iPad、手机，甚至是家里的家用电器都连到了互联网上，当人们从 Internet 上获取需要的信息时，也随时可能受到病毒、木马、黑客的攻击。为了维护计算机系统的安全，必须使用各种安全软件。本实验的主要内容就是掌握常用网络安全软件的使用。

3.5.2　知识点

1．计算机病毒

计算机病毒（Computer Virus）是编制者在计算机程序中插入的破坏计算机功能或者数据的代码，能影响计算机使用，能自我复制的一组计算机指令或者程序代码。计算机病毒具有传播性、隐蔽性、感染性、潜伏性、可激发性、表现性和破坏性。计算机感染病毒后，轻则影响机器运行速度，重则死机系统破坏，因此计算机病毒能给用户带来很大的损失。

2．木马病毒

计算机木马病毒是指隐藏在正常程序中的一段具有特殊功能的恶意代码，是具备破坏和删除文件、发送密码、记录键盘和攻击 Dos 等特殊功能的后门程序。木马程序表面上是无害的，甚至对没有警戒的用户还颇有吸引力，它们经常隐藏在游戏或图形软件中，却隐藏着恶意。完整的木马程序一般由两部分组成：一个是服务器端；一个是控制器端。"中了木马"就是指安装了木马的服务器端程序，若计算机中被安装了服务器端程序，则拥有相应客户端的人就可以通过网络控制该计算机，为所欲为。这时计算机中上的各种文件、程序，以及用户在该计算机使用的账号、密码，就无安全可言了。

3．黑客

黑客一词，源于英文 Hacker，最初曾指热心于计算机技术、水平高超的计算机高手，尤其是程序设计人员。但到了今天，黑客一词已被用于泛指那些专门利用计算机搞破坏的人。对这些人的正确英文叫法是 Cracker，有人翻译成"骇客"。

4．流氓软件

"流氓软件"是介于病毒和正规软件之间的软件，是指在未明确提示用户或未经用户许可的情况下，在用户计算机或其他终端上安装运行，侵害用户合法权益的软件，但不包含中国法律法规规定的计算机病毒。如果计算机中有流氓软件，可能会出现以下几种情况：用户使用计算机上网时，会有窗口不断跳出；计算机浏览器被莫名修改增加了许多工具条；当用户打开网页时，网页会变成不相干的奇怪画面，甚至是黄色广告。有些流氓软件只是为了达到某种目的，比如广告宣传。这些流氓软件虽然不会影响用户计算机的正常使用，但在用户启动浏览器的时候会多弹出来一个网页，以达到宣传目的。

5．360 安全卫士操作示例

360 安全卫士是一款由奇虎 360 公司推出的功能强、效果好、受用户欢迎的安全杀毒软件。360 安全卫士拥有查杀木马、清理插件、修复漏洞、电脑体检、电脑救援、保护隐私，电脑专家，清理垃圾，清理痕迹多种功能。360 安全卫士独创了"木马防火墙""360 密盘"等功能，依靠抢先侦测和云端鉴别，可全面、智能地拦截各类木马，保护用户的账号、隐私等重要信息。

（1）下载安装

①在浏览器中输入 360 公司官方网址 https://www.360.cn，打开 360 首页，如图 3-70 所示，单击 360 安全卫士下的"立即体验"按钮，将 360 安全卫士安装文件下载到本地。

图 3-70　360 首页

②双击下载的文件，进入 360 安全卫士安装界面，如图 3-71 所示，在"安装路径"中可以设置安装的驱动器和目录，单击"同意并安装"按钮开始安装。

③安装完成后，360 安全卫士将会自动运行，并出现提示框，如图 3-72 所示。单击"打开卫士"按钮进入安全卫士主界面，如图 3-73 所示。

图 3-71　360 安全卫士安装界面

图 3-72　360 安全卫士安装完成提示框

（2）系统检测

①进入 360 安全卫士主界面，单击"立即体检"按钮对当前使用的计算机系统进行检测，检测的内容包括故障检测、垃圾检测、安全检测、速度提升等方面。检测结束后，安全卫士将对系统进行评分，评分越高说明系统越安全，评分越低说明系统越危险，同时会显示系统存在的问题列表，如图 3-74 所示。

②单击"一键修复"按钮，安全卫士将自动修复发现的问题。对于不能自动修复的问题，将会出现确认窗口，由用户选择修复内容，如图 3-75 所示。

图 3-73　360 安全卫士主界面

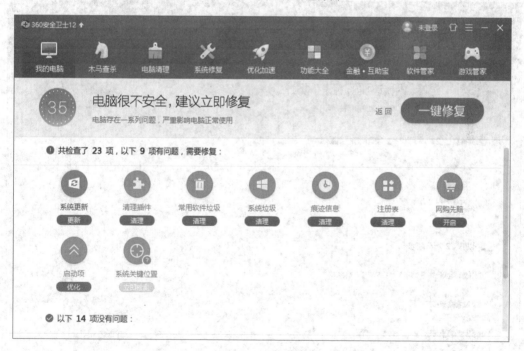

图 3-74　检测结果

③修复结束以后将给出最后的结果，如图 3-76 所示，单击"返回"按钮返回主界面。

（3）安全防护

①单击主界面右侧上部"安全防护中心"按钮，进入安全防护中心界面，如图 3-77 所示。

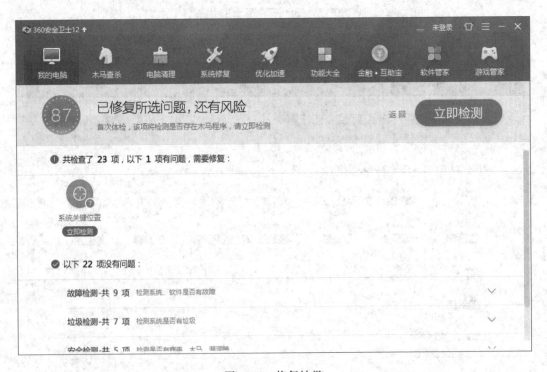

图 3-75　用户确认窗口

图 3-76　修复结果

②安全防护中心包括系统防护、浏览器防护、入口防护和上网防护 4 类防护状态，单击每一选项，可以查看该项防护的具体状态，如选择入口防护体系如图 3-78 所示。单击防护项目后的按钮，可打开或关闭某项防护。

图 3-77　安全防护中心

图 3-78　防护状态

③单击标题栏右侧齿轮状按钮，打开 360 设置中心，如图 3-79 所示，用户可自行设置 360 安全防护的具体内容，设置完成单击"确定"按钮即可。

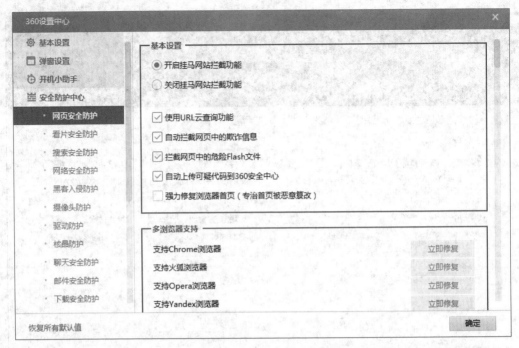

图 3-79　360 设置中心

（4）360 小贝

①启动 360 安全卫士后，在桌面上会出现 360 小贝，如图 3-80 所示。360 小贝会显示内存使用率和上传下载的实时网速等信息。

②单击 360 小贝，在出现的窗口中单击右侧的列表按钮，会显示此时计算机正在使用的程序以及程序所占用的内存数，如图 3-81 所示。

图 3-80　360 小贝

③单击"深度加速"按钮，360 小贝就会自动清理系统闲置的程序和服务，结果如图 3-82 所示。可在计算机运行速度降低后，单击此按钮来加速计算机运行。

图 3-81　小贝显示内存中程序

图 3-82　加速结果

6. 腾讯手机管家操作示例

手机安全一直是人们关注的问题，特别是现在，各种个人隐私被曝光的现象时有出现，更是刺痛了很多人对手机安全的神经。腾讯手机管家是腾讯旗下一款免费的手机安全与管理软件。包括病毒查杀、骚扰拦截、软件权限管理、手机防盗及安全防护、用户流量监控、空间清理、体检加速、软件管理等高端智能化功能。

（1）下载安装

①在手机中进入软件应用商店，在搜索框中输入"腾讯手机管家"进行搜索。

②点击搜索到的腾讯手机管家后的"安装"按钮，将会下载腾讯手机管家，下载完成后会自动进行安装。

③安装完成后可直接启动腾讯手机管家，也可以通过点击手机桌面上腾讯手机管家图标启动腾讯手机管家。启动腾讯手机管家后需要赋给该软件一些权限才能使用。

（2）优化系统

①启动腾讯手机管家，进入主界面，如图 3-83 所示。

②点击"一键优化"按钮，手机管家将自动扫描出手机当前的安全服务开启情况及手机健康状态，并根据手机当前的状况评分，同时会同步清理多余内存和垃圾文件，并列举出手机当前还可优化的安全项，如图 3-84 所示。

图 3-83　腾讯手机管家主界面　　　　　图 3-84　一键优化

③优化结束后，点击"完成"按钮返回主界面。

（3）清理加速

①清理加速的主要作用是清理手机及 SD 卡中的垃圾文件。包括日常垃圾、软件缓存、垃圾文件、多余安装包、系统缓存和软件卸载残余等。点击主界面中的"清理加速"按钮，将进入清理加速界面，如图 3-85 所示。

②手机管家会自动扫描手机中的各种垃圾文件并显示出来，扫描结束后，点击"放心清理"按钮可安全删除各种垃圾文件，删除结果如图 3-86 所示。

③清理结束后，点击左上角的"〈"按钮可以返回主界面。

图 3-85　清理加速

图 3-86　清理结果

（4）安全检测

①安全检测的主要作用是为手机防御和查杀各类病毒，保障手机使用和支付环境的安全。点击主界面中的"安全检测"按钮进入安全检测界面，如图 3-87 所示。

②点击"立即检测"按钮，手机管家将对手机进行扫描，判断手机是否有系统漏洞，是否包含木马程序，支付环境是否安全。扫描结束后将给出扫描结果如图 3-88 所示。如果发现恶意软件，可点击软件后的"清理"按钮删除该软件。

图 3-87　安全检测

图 3-88　扫描结果

③扫描结束后点击左上角的"<"按钮可以返回主界面。

（5）软件管理

①在软件管理功能里，用户可以进行软件或游戏的添加、升级、卸载，当然，也可以直接搜索想要的软件名称进行操作。点击主界面中的"软件管理"按钮进入软件管理界面，如图 3-89 所示。

②手机管家会自动检查用户手机中所安装的软件，发现有新版本就会提醒用户升级，可以升级的软件数量将会显示窗口顶部。

③点击"更新"按钮进入软件升级界面，如图 3-90 所示，点击软件后的"升级"按钮可升级相应的软件，点击右下角"全部更新"按钮可以升级全部软件。

④点击"软件卸载"按钮，可以查看手机安装的软件，如图 3-91 所示，选中软件名称后的复选框，点击"卸载"按钮可以卸载选中的软件。

⑤在软件管理界面点击底部的"游戏"或"软件"按钮可以查找游戏或软件，也可以在界面顶部的搜索框中输入游戏或软件的名称进行搜索，找到后点击"下载"按钮下载软件并安装。

⑥点击左上角的"<"按钮可以返回主界面。

图 3-89　软件管理

图 3-90　软件升级

图 3-91　软件卸载

3.5.3 课内实验

1. 实验名称

网络安全软件的基本操作。

2. 实验目的

掌握 360 安全卫士和腾讯手机管家的基本功能。

3. 实验环境

①硬件环境：微型计算机、智能手机。

②软件环境：Windows 10 中文版、360 安全卫士、安卓系统、腾讯手机管家。

4. 实验内容

①360 安全卫士的操作。

②腾讯手机管家的操作。

5. 实验步骤

（1）360 安全卫士的操作

①下载安装。

a．在浏览器中输入 360 公司官方网址 https://www.360.cn，打开 360 首页，单击 360 安全卫士下的"立即"按钮，将 360 安全卫士安装文件下载到本地。

b．双击下载的文件，进入 360 安全卫士安装界面，在"安装路径"中设置安装的驱动器和目录，单击"同意并安装"按钮开始安装。

c．安装完成后，360 安全卫士将会自动运行，并出现提示框。单击"打开卫士"按钮进入安全卫士主界面。

②系统检测。

a．进入 360 安全卫士主界面，单击"立即体检"按钮对当前使用的计算机系统进行检测，检测的内容包括故障检测、垃圾检测、安全检测、速度提升等方面。检测结束后，安全卫士将对系统进行评分，评分越高说明系统越安全，评分越低说明系统越危险，同时会显示系统存在的问题列表。

b．单击"一键修复"按钮，安全卫士将自动修复发现的问题。对于不能自动修复的问题，将会出现确认窗口，由用户选择修复内容。

c．修复结束以后将给出最后的结果，单击"返回"按钮返回主界面。

③安全防护。

a．单击主界面左侧"安全防护中心"按钮，进入安全防护中心界面。

b．安全防护中心可以看到分为系统防护、浏览器防护、入口防护和上网防护 4 类防护状态，单击每一选项，可以查看该项防护的具体状态，单击防护项目后的按钮，可打开或关闭某项防护。

c．单击标题栏右侧齿轮状按钮，打开 360 设置中心，用户可自行设置 360 安全防护的具体内容，设置完成单击"确定"按钮。

④360 小贝。

a．启动 360 安全卫士后，在桌面上会出现 360 小贝，360 小贝会显示内存使用率和上传下载的实时网速等信息。

b．单击 360 小贝，在出现的窗口点击右侧的列表按钮会显示此时计算机正在使用的程序以及程序所占用的内存数。

　　c．单击"深度加速"按钮，360 小贝会自动清理系统闲置的程序和服务。

　　（2）腾讯手机管家的操作

　　①下载安装。

　　a．在手机中进入软件应用商店，在搜索框中输入"腾讯手机管家"进行搜索。

　　b．点击搜索到的腾讯手机管家后的"安装"按钮，下载腾讯手机管家，下载完成后会自动进行安装。

　　c．安装完成后直接启动腾讯手机管家并赋给该软件权限。

　　②优化系统。

　　a．启动腾讯手机管家，进入主界面。

　　b．点击"一键优化"按钮，手机管家将自动扫描出手机当前的安全服务开启情况及手机健康状态，并根据手机当前的状况评分，同时会同步清理多余内存和垃圾文件，并列举出手机当前还可优化的安全项。

　　c．优化结束后，点击"完成"按钮返回主界面。

　　③清理加速。

　　a．点击主界面中的"清理加速"按钮，进入清理加速界面。

　　b．手机管家会自动扫描手机中的各种垃圾文件并显示出来，扫描结束后，点击"放心清理"按钮直接删除各种垃圾文件。

　　c．清理结束后，点击左上角的"＜"按钮返回主界面。

　　④安全防护。

　　a．点击主界面中的"安全检测"按钮进入安全检测界面。

　　b．点击"立即检测"按钮，手机管家将对手机进行扫描，判断手机是否有系统漏洞，是否包含木马程序，支付环境是否安全。

　　c．扫描结束后点击左上角的"＜"按钮返回主界面。

　　⑤软件管理。

　　a．点击主界面中的"软件管理"按钮进入软件管理界面。

　　b．手机管家会自动检查用户手机中所安装的软件，发现有新版本就会提醒用户升级，可以升级的软件数量将会显示在窗口顶部。

　　c．点击"更新"按钮进入软件升级界面，点击软件后的"升级"按钮升级相应的软件。

　　d．点击左上角的"＜"按钮返回主界面。

　　6．实验思考

　　（1）360 安全卫士如何清理上网痕迹，保护个人隐私？

　　（2）如何隐藏和显示 360 小贝？

　　（3）如何利用腾讯手机管家保护微信支付的安全？

3.5.4　课后实训

　　1．实训名称

　　网络安全软件的高级操作。

2．实训目的

掌握 360 安全卫士和腾讯手机管家的高级功能。

3．实训环境

①硬件环境：微型计算机、智能手机。

②软件环境：Windows 10 中文版、360 安全卫士、安卓系统、腾讯手机管家。

4．实训内容

①使用 360 安全卫士管理计算机所安装的软件。

②利用 360 安全卫士云鉴定功能判断未知文件是否安全。

③利用腾讯手机管家的流量监控功能掌握手机中哪些软件占用了流量，哪些软件是在用户不知情的情况下连上网络的。

5．实训思考

①360 安全卫士如何修补系统漏洞？

②腾讯手机管家还有哪些功能？

参 考 文 献

[1] 熊燕，杨宁. 大学计算机基础（Windows 10+Office 2016）（微课版）[M]. 北京：人民邮电出版社，2019.

[2] 陈亚军，周晓庆，郭元辉. 大学计算机基础[M]. 2版. 北京：高等教育出版社，2017.

[3] 姜永生. 大学计算机基础[M]. 北京：高等教育出版社，2015.

[4] 任成鑫. Windows 10中文版操作系统从入门到精通[M]. 北京：中国青年出版社，2015.

[5] 刘文香. 中文版 Office 2016 大全[M]. 北京：清华大学出版社，2017.

[6] 李俭霞. 中文版 Office 2016 三合一办公基础教程[M]. 北京：北京大学出版社，2016.

[7] 张超，李舫，毕洪山，等. 计算机导论实验指导[M]. 北京：清华大学出版社，2015.

[8] 尤晓东，张金玲. Internet 应用教程[M]. 3版 北京：清华大学出版社，2015.

[9] 苏高. 二维码的秘密：智能手机时代的新营销宝典[M]. 北京：清华大学出版社，2014.